Halle
1879

Frege, Gottlob

Begriffsschrift

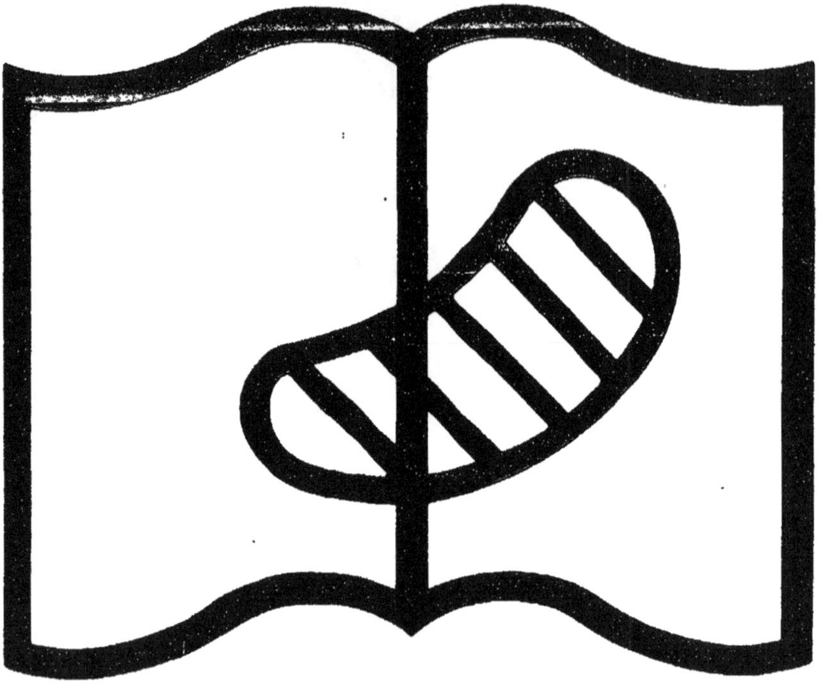

Symbole applicable
pour tout, ou partie
des documents microfilmés

Original illisible

NF Z 43-120-10

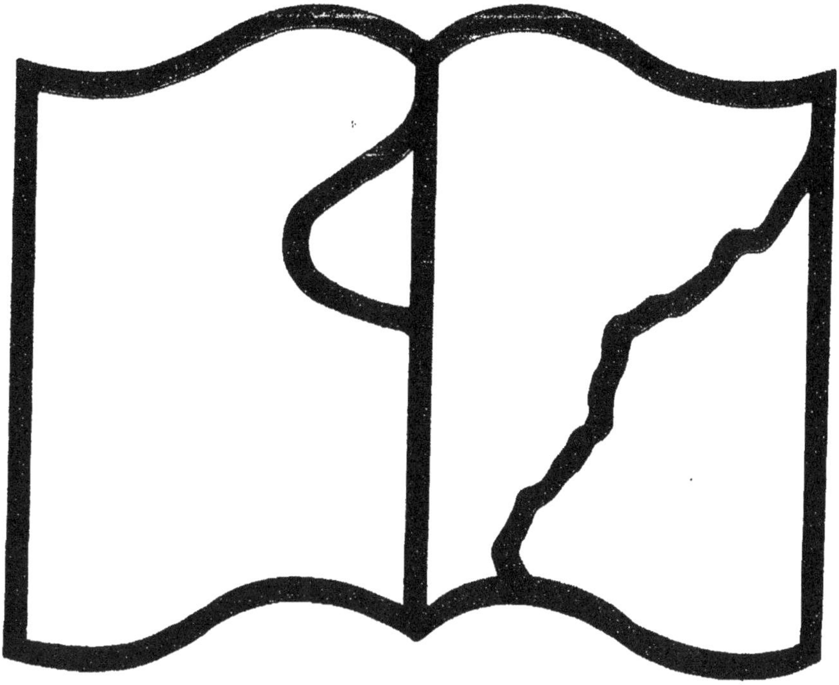

Symbole applicable
pour tout, ou partie
des documents microfilmés

Texte détérioré — reliure défectueuse

NF Z 43-120-11

BEGRIFFSSCHRIFT,

EINE DER ARITHMETISCHEN NACHGEBILDETE

FORMELSPRACHE

DES REINEN DENKENS.

VON

Dr. GOTTLOB FREGE,

PRIVATDOCENTEN DER MATHEMATIK AN DER UNIVERSITÄT JENA.

HALLE a/S.

VERLAG VON LOUIS NEBERT.

1879.

Écriture des idées :
langage de formules
de la pensée pure
imité du langage arithmétique.

Par le Dr
Gottlob Frege,

Halle am Saale
Nebert
1879

BEGRIFFSSCHRIFT,

EINE DER ARITHMETISCHEN NACHGEBILDETE

FORMELSPRACHE

DES REINEN DENKENS.

VON

Dr. GOTTLOB FREGE,

PRIVATDOCENTEN DER MATHEMATIK AN DER UNIVERSITÄT JENA.

HALLE a/S.
VERLAG VON LOUIS NEBERT.
1879.

Vorwort.

Das Erkennen einer wissenschaftlichen Wahrheit durchläuft in der Regel mehre Stufen der Sicherheit. Zuerst vielleicht aus einer ungenügenden Zahl von Einzelfällen errathen, wird der allgemeine Satz nach und nach sicherer befestigt, indem er durch Schlussketten mit andern Wahrheiten Verbindung erhält, sei es dass aus ihm Folgerungen abgeleitet werden, die auf andere Weise Bestätigung finden, sei es dass er umgekehrt als Folge schon feststehender Sätze erkannt wird. Es kann daher einerseits nach dem Wege gefragt werden, auf dem ein Satz allmählich errungen wurde, andrerseits nach der Weise, wie er nun schliesslich am festesten zu begründen ist. Erstere Frage muss möglicherweise in Bezug auf verschiedene Menschen verschieden beantwortet werden, letztere ist bestimmter, und ihre Beantwortung hängt mit dem innern Wesen des betrachteten Satzes zusammen. Die festeste Beweisführung ist offenbar die rein logische, welche, von der besondern Beschaffenheit der Dinge absehend, sich allein auf die Gesetze gründet, auf denen alle Erkenntnis beruht. Wir theilen danach alle Wahrheiten, die einer Begründung bedürfen, in zwei Arten, indem der Beweis bei den einen rein logisch vorgehen kann, bei den andern sich auf Erfahrungsthatsachen stützen muss. Es ist aber wohl vereinbar, dass ein Satz zu der ersteren Art gehört und doch ohne Sinnesthätigkeit nie in einem menschlichen Geiste zum Bewusstsein kommen könnte.*) Also nicht die psychologische Entstehungsweise, sondern die vollkommenste Art der Beweisführung liegt

*) Da ohne Sinneswahrnehmung keine geistige Entwickelung bei den uns bekannten Wesen möglich ist, so gilt das Letztere von allen Urtheilen.

der Eintheilung zu Grunde. Indem ich mir nun die Frage vorlegte, zu welcher dieser beiden Arten die arithmetischen Urtheile gehörten, musste ich zunächst versuchen, wie weit man in der Arithmetik durch Schlüsse allein gelangen könnte, nur gestützt auf die Gesetze des Denkens, die über allen Besonderheiten erhaben sind. Der Gang war hierbei dieser, dass ich zuerst den Begriff der Anordnung in einer Reihe auf die *logische* Folge zurückzuführen suchte, um von hier aus zum Zahlbegriff fortzuschreiten. Damit sich hierbei nicht unbemerkt etwas Anschauliches eindrängen könnte, musste Alles auf die Lückenlosigkeit der Schlusskette ankommen. Indem ich diese Forderung auf das strengste zu erfüllen trachtete, fand ich ein Hindernis in der Unzulänglichkeit der Sprache, die bei aller entstehenden Schwerfälligkeit des Ausdruckes doch, je verwickelter die Beziehungen wurden, desto weniger die Genauigkeit erreichen liess, welche mein Zweck verlangte. Aus diesem Bedürfnisse ging der Gedanke der vorliegenden Begriffsschrift hervor. Sie soll also zunächst dazu dienen, die Bündigkeit einer Schlusskette auf die sicherste Weise zu prüfen und jede Voraussetzung, die sich unbemerkt einschleichen will, anzuzeigen, damit letztere auf ihren Ursprung untersucht werden könne. Deshalb ist auf den Ausdruck alles dessen verzichtet worden, was für die *Schlussfolge* ohne Bedeutung ist. Ich habe das, worauf allein es mir ankam, in § 3 als *begrifflichen Inhalt* bezeichnet. Diese Erklärung muss daher immer im Sinne behalten werden, wenn man das Wesen meiner Formelsprache richtig auffassen will. Hieraus ergab sich auch der Name „Begriffsschrift". Da ich mich fürs erste auf den Ausdruck solcher Beziehungen beschränkt habe, die von der besonderen Beschaffenheit der Dinge unabhängig sind, so konnte ich auch den Ausdruck „Formelsprache des reinen Denkens" gebrauchen. Die Nachbildung der arithmetischen Formelsprache, die ich auf dem Titel angedeutet habe, bezieht sich mehr auf die Grundgedanken als die Einzelgestaltung. Jene Bestrebungen, durch Auffassung des Begriffs als Summe seiner Merkmale eine künstliche Aehnlichkeit herzustellen, haben mir dabei durchaus fern gelegen. Am unmittelbarsten berührt sich meine Formelsprache mit der arithmetischen in der Verwendungsweise der Buchstaben.

Das Verhältnis meiner Begriffsschrift zu der Sprache des Lebens glaube ich am deutlichsten machen zu können, wenn ich es mit dem des Mikroskops zum Auge vergleiche. Das Letztere hat durch den Umfang seiner Anwendbarkeit, durch die Beweglichkeit, mit der es sich den verschiedensten Umständen anzuschmiegen weiss, eine grosse Ueberlegenheit vor dem Mikroskop. Als optischer Apparat betrachtet, zeigt es freilich viele Unvollkommenheiten, die nur in Folge seiner innigen Verbindung mit dem geistigen Leben gewöhnlich unbeachtet bleiben. Sobald aber wissenschaftliche Zwecke grosse Anforderungen an die Schärfe der Unterscheidung stellen, zeigt sich das Auge als ungenügend. Das Mikroskop hingegen ist gerade solchen Zwecken auf das vollkommenste angepasst, aber eben dadurch für alle andern unbrauchbar.

So ist diese Begriffsschrift ein für bestimmte wissenschaftliche Zwecke ersonnenes Hilfsmittel, das man nicht deshalb verurtheilen darf, weil es für andere nichts taugt. Wenn sie diesen Zwecken einigermassen entspricht, so möge man immerhin neue Wahrheiten in meiner Schrift vermissen. Ich würde mich darüber mit dem Bewusstsein trösten, dass auch eine Weiterbildung der Methode die Wissenschaft fördert. Hält es doch Baco für vorzüglicher ein Mittel zu erfinden, durch welches Alles leicht gefunden werden kann, als Einzelnes zu entdecken, und haben doch alle grossen wissenschaftlichen Fortschritte der neueren Zeit ihren Ursprung in einer Verbesserung der Methode gehabt.

Auch Leibniz hat die Vortheile einer angemessenen Bezeichnungsweise erkannt, vielleicht überschätzt. Sein Gedanke einer allgemeinen Charakteristik, eines *calculus philosophicus* oder *ratiocinator**) war zu riesenhaft, als dass der Versuch ihn zu verwirklichen über die blossen Vorbereitungen hätte hinausgelangen können. Die Begeisterung, welche seinen Urheber bei der Erwägung ergriff, welch' unermessliche Vermehrung der geistigen Kraft der Menschheit aus einer die Sachen selbst treffenden Bezeichnungsweise entspringen würde, liess ihn die Schwierigkeiten zu gering schätzen, die einem

*) Siehe hierüber: Trendelenburg, Historische Beiträge zur Philosophie 3. Band.

solchen Unternehmen entgegenstehen. Wenn aber auch dies hohe Ziel mit Einem Anlaufe nicht erreicht werden kann, so braucht man doch an einer langsamen, schrittweisen Annäherung nicht zu verzweifeln. Wenn eine Aufgabe in ihrer vollen Allgemeinheit unlösbar scheint, so beschränke man sie vorläufig; dann wird vielleicht durch allmähliche Erweiterung ihre Bewältigung gelingen. Man kann in den arithmetischen, geometrischen, chemischen Zeichen Verwirklichungen des Leibnizischen Gedankens für einzelne Gebiete sehen. Die hier vorgeschlagene Begriffsschrift fügt diesen ein neues hinzu und zwar das in der Mitte gelegene, welches allen andern benachbart ist. Von hier aus lässt sich daher mit der grössten Aussicht auf Erfolg eine Ausfüllung der Lücken der bestehenden Formelsprachen, eine Verbindung ihrer bisher getrennten Gebiete zu dem Bereiche einer einzigen und eine Ausdehnung auf Gebiete ins Werk setzen, die bisher einer solchen ermangelten.

Ich verspreche mir überall da eine erfolgreiche Anwendung meiner Begriffsschrift, wo ein besonderer Werth auf die Bündigkeit der Beweisführung gelegt werden muss, wie bei der Grundlegung der Differential- und Integralrechnung.

Noch leichter scheint es mir zu sein, das Gebiet dieser Formelsprache auf Geometrie auszudehnen. Es müssten nur für die hier vorkommenden anschaulichen Verhältnisse noch einige Zeichen hinzugefügt werden. Auf diese Weise würde man eine Art von *analysis situs* erhalten.

Der Uebergang zu der reinen Bewegungslehre und weiter zur Mechanik und Physik möchte sich hier anschliessen. In den letzteren Gebieten, wo neben der Denknothwendigkeit die Naturnothwendigkeit sich geltend macht, ist am ehesten eine Weiterentwickelung der Bezeichnungsweise mit dem Fortschreiten der Erkenntnis vorauszusehen. Deshalb braucht man aber nicht zu warten, bis die Möglichkeit solcher Umformungen ausgeschlossen erscheint.

Wenn es eine Aufgabe der Philosophie ist, die Herrschaft des Wortes über den menschlichen Geist zu brechen, indem sie die Täuschungen aufdeckt, die durch den Sprachgebrauch über die Beziehungen der Begriffe oft fast unvermeidlich entstehen, indem sie den Gedanken von demjenigen befreit, womit ihn allein die Beschaffenheit des sprachlichen Ausdrucksmittels behaftet, so wird meine Begriffsschrift, für diese Zwecke weiter ausgebildet, den Philosophen ein brauchbares Werkzeug werden können. Freilich giebt auch sie, wie es bei einem äussern Darstellungsmittel wohl nicht anders möglich ist, den Gedanken nicht rein wieder; aber einerseits kann man diese Abweichungen auf das Unvermeidliche und Unschädliche beschränken, andrerseits ist schon dadurch, dass sie ganz andrer Art sind als die der Sprache eigenthümlichen, ein Schutz gegen eine einseitige Beeinflussung durch eines dieser Ausdrucksmittel gegeben.

Schon das Erfinden dieser Begriffsschrift hat die Logik, wie mir scheint, gefördert. Ich hoffe, dass die Logiker, wenn sie sich durch den ersten Eindruck des Fremdartigen nicht zurückschrecken lassen, den Neuerungen, zu denen ich durch eine der Sache selbst innewohnende Nothwendigkeit getrieben wurde, ihre Zustimmung nicht verweigern werden. Diese Abweichungen vom Hergebrachten finden ihre Rechtfertigung darin, dass die Logik sich bisher immer noch zu eng an Sprache und Grammatik angeschlossen hat. Insbesondere glaube ich, dass die Ersetzung der Begriffe *Subject* und *Praedicat* durch *Argument* und *Function* sich auf die Dauer bewähren wird. Man erkennt leicht, wie die Auffassung eines Inhalts als Function eines Argumentes begriffbildend wirkt. Es möchte ferner der Nachweis des Zusammenhanges zwischen den Bedeutungen der Wörter: wenn, und, nicht, oder, es giebt, einige, alle u. s. w. Beachtung verdienen.

Im Besondern sei nur noch Folgendes erwähnt.

Die in § 6 ausgesprochene Beschränkung auf eine einzige Schlussweise wird dadurch gerechtfertigt, dass bei der *Grundlegung* einer solchen Begriffsschrift die Urbestandtheile so einfach wie möglich genommen werden müssen, wenn Uebersichtlichkeit und Ordnung geschaffen werden sollen. Dies schliesst nicht aus, dass *später* Uebergänge von mehren Urtheilen zu einem neuen, die bei dieser einzigen Schlussweise nur in mittelbarer Weise möglich sind, der Abkürzung wegen in unmittelbare verwandelt werden. In der That möchte sich dies bei einer spätern Anwendung empfehlen. Dadurch würden dann weitere Schlussweisen entstehen.

Nachträglich habe ich bemerkt, dass die Formeln (31) und (41) in die einzige

$$\vdash\!\!\!-\!\!\!-\!\!\!-\, (\neg\neg a \equiv a)$$

zusammengezogen werden können, wodurch noch einige Vereinfachungen möglich werden.

Die Arithmetik, wie ich im Anfange bemerkt habe, ist der Ausgangspunkt des Gedankenganges gewesen, der mich zu meiner Begriffsschrift geleitet hat. Auf diese Wissenschaft denke ich sie daher auch zuerst anzuwenden, indem ich ihre Begriffe weiter zu zergliedern und ihre Sätze tiefer zu begründen suche. Vorläufig habe ich im dritten Abschnitte einiges von dem mitgetheilt, was sich in dieser Richtung bewegt. Die weitere Verfolgung des angedeuteten Weges, die Beleuchtung der Begriffe der Zahl, der Grösse u. s. w. sollen den Gegenstand fernerer Untersuchungen bilden, mit denen ich unmittelbar nach dieser Schrift hervortreten werde.

Jena, den 18. December 1878.

Inhalt.

I. Erklärung der Bezeichnungen.

II. Darstellung und Ableitung einiger Urtheile des reinen Denkens.

III. Einiges aus einer allgemeinen Reihenlehre.

I. Erklärung der Bezeichnungen.

§ 1. Die in der allgemeinen Grössenlehre gebräuchlichen Zeichen zerfallen in zwei Arten. Die erstere umfasst die Buchstaben, von denen jeder entweder eine unbestimmt gelassene Zahl oder eine unbestimmt gelassene Function vertritt. Diese Unbestimmtheit macht es möglich die Buchstaben zum Ausdrucke der Allgemeingiltigkeit von Sätzen zu verwenden wie in

$$(a + b)\,c = ac + bc.$$

Die andere Art umfasst solche Zeichen wie $+$, $-$, $\sqrt{}$, 0, 1, 2, von denen jedes seine eigenthümliche Bedeutung hat.

Diesen Grundgedanken der Unterscheidung zweier Arten von Zeichen, der in der Grössenlehre leider nicht rein durchgeführt ist*), *nehme ich auf, um ihn für das umfassendere Gebiet des reinen Denkens überhaupt nutzbar zu machen*. Alle Zeichen, die ich anwende, theile ich daher ein *in solche, unter denen man sich Verschiedenes vorstellen kann*, und *in solche die einen ganz bestimmten Sinn haben*. Die erstern sind die *Buchstaben*, und diese sollen hauptsächlich zum Ausdrucke der *Allgemeinheit* dienen. Bei aller Unbestimmtheit muss aber daran festgehalten werden, dass ein Buchstabe die Bedeutung, welche man ihm einmal gegeben hat, in demselben Zusammenhange *beibehält*.

Das Urtheil.

§ 2. Ein Urtheil werde immer mit Hilfe des Zeichens

$$\vdash\!\!-\!\!-$$

ausgedrückt, welches links von dem Zeichen oder der Zeichenverbindung steht, die den Inhalt des Urtheils angiebt. Wenn man den kleinen senkrechten Strich am linken Ende des wagerechten

*) Man denke an $\int$, log, sin, Lim.

fortlässt, so soll dies das Urtheil in eine *blosse Vorstellungsverbindung* verwandeln, von welcher der Schreibende nicht ausdrückt, ob er ihr Wahrheit zuerkenne oder nicht. Bedeute z. B.

$$\vdash\!\!\!-\!\!\!-\, A\,^{*)}$$

das Urtheil: „die ungleichnamigen Magnetpole ziehen sich an"; dann wird

$$-\!\!\!-\!\!\!-\, A$$

nicht dies Urtheil ausdrücken, sondern lediglich die Vorstellung von der gegenseitigen Anziehung der ungleichnamigen Magnetpole in dem Leser hervorrufen sollen, etwa um Folgerungen daraus zu ziehen und an diesen die Richtigkeit des Gedankens zu prüfen. Wir *umschreiben* in diesem Falle durch die Worte „*der Umstand, dass*" oder „*der Satz, dass*".

Nicht jeder Inhalt kann durch das vor sein Zeichen gesetzte $\vdash\!\!\!-\!\!\!-$ ein Urtheil werden, z. B. nicht die Vorstellung „Haus". Wir unterscheiden daher *beurtheilbare* und *unbeurtheilbare* Inhalte**).

Der wagerechte Strich, aus dem das Zeichen $\vdash\!\!\!-\!\!\!-$ gebildet ist, *verbindet die darauf folgenden Zeichen zu einem Ganzen, und auf dies Ganze bezieht sich die Bejahung, welche durch den senkrechten Strich am linken Ende des wagerechten ausgedrückt wird.* Es möge der wagerechte Strich *Inhaltsstrich*, der senkrechte *Urtheilsstrich* heissen. Der Inhaltsstrich diene auch sonst dazu, irgendwelche Zeichen zu dem Ganzen der darauf folgenden Zeichen in Beziehung zu setzen. *Was auf den Inhaltsstrich folgt, muss immer einen beurtheilbaren Inhalt haben.*

§ 3. Eine Unterscheidung von *Subject* und *Prädicat* findet bei meiner Darstellung eines Urtheils *nicht statt*. Um dies zu rechtfertigen, bemerke ich, dass die Inhalte von zwei Urtheilen in doppelter Weise verschieden sein können: erstens so, dass die Folgerungen, die aus dem einen in Verbindung mit bestimmten andern

---

*) Ich bediene mich der grossen griechischen Buchstaben als Abkürzungen, denen der Leser einen passenden Sinn unterlegen möge, wenn ich sie nicht besonders erkläre.

**) Dagegen wäre der Umstand, dass es Häuser (oder ein Haus) giebt (vgl. § 12), ein beurtheilbarer Inhalt. Von diesem ist aber die Vorstellung „Haus" nur ein Theil. Man könnte in dem Satze: „das Haus des Priamus war von Holz" an die Stelle von „Haus" nicht „Umstand, dass es ein Haus giebt" einsetzen. — Ein Beispiel anderer Art für einen unbeurtheilbaren Inhalt siehe bei Formel 81.

gezogen werden können, immer auch aus dem zweiten in Verbindung mit denselben andern Urtheilen folgen; zweitens so, dass dies nicht der Fall ist. Die beiden Sätze: „bei Plataeae siegten die Griechen über die Perser" und „bei Plataeae wurden die Perser von den Griechen besiegt" unterscheiden sich in der erstern Weise. Wenn man nun auch eine geringe Verschiedenheit des Sinnes erkennen kann, so ist doch die Uebereinstimmung überwiegend. Ich nenne nun denjenigen Theil des Inhaltes, der in beiden *derselbe* ist, den *begrifflichen Inhalt*. Da *nur dieser* für die Begriffsschrift von Bedeutung ist, so braucht sie keinen Unterschied zwischen Sätzen zu machen, die denselben begrifflichen Inhalt haben. Wenn man sagt: „Subject ist der Begriff, von dem das Urtheil handelt", so passt dies auch auf das Object. Man kann daher nur sagen: „Subject ist der Begriff, von dem hauptsächlich das Urtheil handelt." Die Stelle des Subjects in der Wortreihe hat für die Sprache die Bedeutung einer *ausgezeichneten* Stelle, an die man dasjenige bringt, worauf man die Aufmerksamkeit des Hörers besonders hinlenken will. (Siehe auch § 9). Dies kann beispielsweise den Zweck haben, eine Beziehung dieses Urtheils zu andern anzudeuten, und dadurch dem Hörer die Auffassung des ganzen Zusammenhanges zu erleichtern. Alle Erscheinungen nun in der Sprache, die nur aus der Wechselwirkung des Sprechenden und des Hörenden hervorgehen, indem der Sprechende z. B. auf die Erwartungen des Hörenden Rücksicht nimmt und diese schon vor dem Aussprechen eines Satzes auf die richtige Fährte zu bringen sucht, haben in meiner Formelsprache nichts Entsprechendes, weil im Urtheile hier nur das in Betracht kommt, was auf die *möglichen Folgerungen* Einfluss hat. Alles, was für eine richtige Schlussfolge nöthig ist, wird voll ausgedrückt; was aber nicht nöthig ist, wird meistens auch nicht angedeutet; *nichts wird dem Errathen überlassen*. Hierin folge ich ganz dem Beispiel der mathematischen Formelsprache, bei der man Subject und Prädicat auch nur gewaltsamerweise unterscheiden kann. Es lässt sich eine Sprache denken, in welcher der Satz: „Archimedes kam bei der Eroberung von Syrakus um" in folgender Weise ausgedrückt würde: „der gewaltsame Tod des Archimedes bei der Eroberung von Syrakus ist eine Thatsache". Hier kann man zwar auch, wenn man will, Subject und Prädicat unterscheiden, aber das Subject enthält den ganzen Inhalt, und das Prädicat hat nur den Zweck, diesen als

Urtheil hinzustellen. *Eine solche Sprache würde nur ein einziges Prädicat für alle Urtheile haben, nämlich „ist eine Thatsache".* Man sieht, dass im gewöhnlichen Sinne von Subject und Prädicat hier keine Rede sein kann. *Eine solche Sprache ist unsere Begriffsschrift und das Zeichen* |—— *ist ihr gemeinsames Prädicat für alle Urtheile.*

Bei dem ersten Entwurfe einer Formelsprache liess ich mich durch das Beispiel der Sprache verleiten, die Urtheile aus Subject und Prädicat zusammenzusetzen. Ich überzeugte mich aber bald, dass dies meinem besondern Zwecke hinderlich war und nur zu unnützen Weitläufigkeiten führte.

§ 4. Die folgenden Bemerkungen sollen die Bedeutung der Unterscheidungen, welche man in Bezug auf Urtheile macht, für unsere Zwecke erläutern.

Man unterscheidet *allgemeine* und *besondere* Urtheile: dies ist eigentlich kein Unterschied der Urtheile, sondern der Inhalte. *Man sollte sagen: „ein Urtheil von allgemeinem Inhalte", „ein Urtheil von besonderm Inhalte".* Diese Eigenschaften kommen nämlich dem Inhalte auch zu, wenn er *nicht* als Urtheil hingestellt wird, sondern als Satz. (Siehe § 2).

Dasselbe gilt von der Verneinung. In einem indirecten Beweise sagt man z. B.: „gesetzt, die Strecken AB und CD wären nicht gleich." Hier enthält der Inhalt, dass die Strecken AB und CD nicht gleich seien, eine Verneinung, aber dieser Inhalt, obgleich der Beurtheilung fähig, wird doch nicht als Urtheil aufgestellt. Es haftet also die Verneinung am Inhalte, einerlei ob dieser als Urtheil auftrete oder nicht. Ich halte es daher für angemessener, die Verneinung als ein Merkmal eines *beurtheilbaren Inhalts* anzusehen.

Die Unterscheidung der Urtheile in kategorische, hypothetische und disjunctive scheint mir nur grammatische Bedeutung zu haben.*)

Das apodiktische Urtheil unterscheidet sich vom assertorischen dadurch, dass das Bestehen allgemeiner Urtheile angedeutet wird, aus denen der Satz geschlossen werden kann, während bei den assertorischen eine solche Andeutung fehlt. Wenn ich einen Satz als nothwendig bezeichne, so gebe ich dadurch einen Wink über meine Urtheilsgründe. *Da aber hierdurch der begriffliche Inhalt*

*) Die Begründung wird aus der ganzen Schrift hervorgehen.

des Urtheils nicht berührt wird, so hat die Form des apodiktischen Urtheils für uns keine Bedeutung.

Wenn ein Satz als möglich hingestellt wird, so enthält sich der Sprechende entweder des Urtheils, indem er andeutet, dass ihm keine Gesetze bekannt seien, aus denen die Verneinung folgen würde; oder er sagt, dass die Verneinung des Satzes in ihrer Allgemeinheit falsch sei. Im letzteren Falle haben wir ein *particulär bejahendes Urtheil**) nach der gewöhnlichen Bezeichnung. „Es ist möglich, dass die Erde einmal mit einem andern Weltkörper zusammenstösst" ist ein Beispiel für den ersten, und „eine Erkältung kann den Tod zur Folge haben" ist eins für den zweiten Fall.

Die Bedingtheit.

§ 5. Wenn *A* und *B* beurtheilbare**) Inhalte bedeuten, so giebt es folgende vier Möglichkeiten:

1) *A* wird bejaht und *B* wird bejaht;
2) *A* wird bejaht und *B* wird verneint;
3) *A* wird verneint und *B* wird bejaht;
4) *A* wird verneint und *B* wird verneint.

bedeutet nun das Urtheil, *dass die dritte dieser Möglichkeiten nicht stattfinde, sondern eine der drei andern.* Wenn

verneint wird, so besagt dies demnach, dass die dritte Möglichkeit stattfinde, dass also *A* verneint und *B* bejaht werde.

Aus den Fällen, in denen

bejaht wird, heben wir folgende hervor:

1) *A* muss bejaht werden. Dann ist der Inhalt von *B* ganz gleichgiltig. Z. B. $\vdash$— *A* bedeute: $3 \times 7 = 21$, *B* bedeute den Umstand, dass die Sonne scheint. Es sind hier nur die beiden ersten der genannten vier Fälle möglich. Ein ursächlicher Zu-

*) Siehe § 12.
**) § 2.

sammenhang zwischen beiden Inhalten braucht nicht vorhanden zu sein.

2) *B* ist zu verneinen. Dann ist der Inhalt von *A* gleichgiltig. Z. B. *B* bedeute den Umstand, dass ein Perpetuum mobile möglich sei, *A* den Umstand, dass die Welt unendlich sei. Hier ist nur der zweite und vierte der vier Fälle möglich. Ein ursächlicher Zusammenhang zwischen *A* und *B* braucht nicht zu bestehen.

3) Man kann das Urtheil

$$\vdash\!\!\!\begin{array}{l} \rule{0.5cm}{0.4pt}\, A \\ \rule{0.5cm}{0.4pt}\, B \end{array}$$

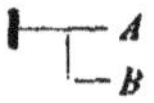

fällen, ohne zu wissen, ob *A* und *B* zu bejahen oder zu verneinen sind. Es bedeute z. B. *B* den Umstand, dass der Mond in Quadratur steht, *A* den Umstand, dass er als Halbkreis erscheint. In diesem Falle kann man

$$\vdash\!\!\!\begin{array}{l} \rule{0.5cm}{0.4pt}\, A \\ \rule{0.5cm}{0.4pt}\, B \end{array}$$

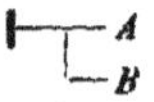

mit Hilfe des Fügeworts „wenn" übersetzen: „wenn der Mond in Quadratur steht, so erscheint er als Halbkreis". Die ursächliche Verknüpfung, die in dem Worte „wenn" liegt, wird jedoch durch unsere Zeichen nicht ausgedrückt, obgleich ein Urtheil dieser Art nur auf Grund einer solchen gefällt werden kann. Denn diese Verknüpfung ist etwas Allgemeines, dieses aber kommt hier noch nicht zum Ausdrucke (Siehe § 12).

Der senkrechte Strich, welcher die beiden wagerechten verbindet, heisse *Bedingungsstrich*. Der links vom Bedingungsstriche befindliche Theil des oberen wagerechten Striches ist der Inhaltsstrich für die eben erklärte Bedeutung der Zeichenverbindung

$$\rule{0.5cm}{0.4pt}\begin{array}{l} \rule{0.5cm}{0.4pt}\, A \\ \rule{0.5cm}{0.4pt}\, B \end{array}$$

an diesem wird jedes Zeichen angebracht, das sich auf den Gesammtinhalt des Ausdruckes beziehen soll. Der zwischen *A* und dem Bedingungsstriche liegende Theil des wagerechten Striches ist der Inhaltsstrich von *A*. Der wagerechte Strich links von *B* ist der Inhaltsstrich von *B*.

Hiernach ist leicht zu erkennen, dass

$$\vdash\!\!\!\begin{array}{l} \rule{0.5cm}{0.4pt}\, A \\ \rule{0.5cm}{0.4pt}\, B \\ \qquad \varGamma \end{array}$$

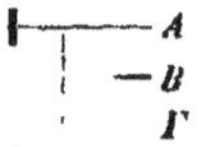

den Fall leugnet, wo A verneint, B und Γ bejaht würden. Man muss dies aus

 und Γ

ebenso zusammengesetzt denken, wie

aus A und B. Zunächst haben wir daher die Verneinung des Falles, wo

verneint, und Γ bejaht wird. Die Verneinung von

bedeutet aber, dass A verneint und B bejaht wird. Hieraus ergiebt sich, was oben angegeben ist. Wenn eine ursächliche Verknüpfung vorliegt, so kann man auch sagen: „A ist die nothwendige Folge von B und Γ"; oder: „wenn die Umstände B und Γ eintreten, so tritt auch A ein".

Nicht minder erkennt man, dass

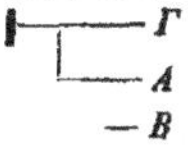

den Fall leugnet, wo B bejaht wird, A und Γ aber verneint werden. Wenn man einen ursächlichen Zusammenhang zwischen A und B voraussetzt, kann man übersetzen: „wenn A die nothwendige Folge von B ist, so kann geschlossen werden, dass Γ stattfindet."

§ 6. Aus der in § 5 gegebenen Erklärung geht hervor, dass aus den beiden Urtheilen

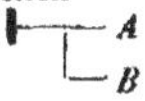 und 

das neue Urtheil

folgt. Von den vier oben aufgezählten Fällen ist der dritte durch

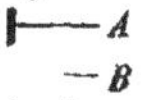 ,

der zweite und vierte aber durch

ausgeschlossen, sodass nur der erste übrig bleibt.

Man könnte diesen Schluss etwa so schreiben:

```
├──┬── A
   └── B
├───── B
─────────
├───── A .
```

Dies würde umständlich werden, wenn an den Stellen von A und B lange Ausdrücke ständen, weil jeder von ihnen doppelt zu schreiben wäre. Deshalb brauche ich folgende Abkürzung. Jedes Urtheil, welches im Zusammenhange einer Beweisführung vorkommt, wird durch eine Nummer bezeichnet, die da, wo dies Urtheil zum ersten Male vorkommt, rechts daneben gesetzt wird. Es sei nun beispielsweise das Urtheil

```
├──┬── A
   └── B
```

— oder ein solches, das

```
├──┬── A
   └── B
```

als besondern Fall enthält — durch X bezeichnet worden. Dann schreibe ich den Schluss so:

```
      ├───── B
(X): ─────────
      ├───── A .
```

Hierbei ist es dem Leser überlassen, sich aus $\vdash B$ und $\vdash A$ das Urtheil

```
├──┬── A
   └── B
```

zusammenzusetzen und zuzusehen, ob es mit dem angeführten Urtheile X stimmt.

Wenn beispielsweise das Urtheil $\vdash B$ durch XX bezeichnet ist, so schreibe ich denselben Schluss auch so:

```
        ├──┬── A
           └── B
(XX):: ─────────
        ├───── A .
```

Hierbei zeigt das doppelte Kolon an, dass hier auf andere Weise als oben aus den beiden hingeschriebenen Urtheilen das durch XX nur angeführte $\vdash B$ gebildet werden müsse.

Wäre noch etwa das Urtheil $\vdash \Gamma$ durch XXX bezeichnet worden, so würde ich die beiden Urtheile

$$(XXX)::\quad \begin{array}{l} \vdash\!\!-\!-\!- A \\ -\!\! B \\ -\!\! \Gamma \\ \vdash\!\!- A \\ -\!\! B \end{array}$$

$$(XX)::\quad \vdash\!\!- B$$

noch kürzer so schreiben:

$$(XX,\ XXX)::\quad \begin{array}{l} \vdash \quad \lfloor -\ A \\ \lfloor -\ B \\ \Gamma \\ \vdash\!\!-\!-\!- A \end{array}\ .$$

In der Logik zählt man nach Aristoteles eine ganze Reihe von Schlussarten auf; ich bediene mich nur dieser einen — wenigstens in allen Fällen, wo aus mehr als einem einzigen Urtheile ein neues abgeleitet wird —. Man kann nämlich die Wahrheit, die in einer andern Schlussart liegt, in einem Urtheile aussprechen in der Form: wenn M gilt, und wenn N gilt, so gilt auch A. in Zeichen:

$$\begin{array}{l} \vdash\!\!-\!-\!- A \\ -\!\! M \\ -\!\!-\!\! N \end{array}\ .$$

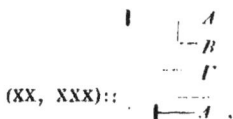

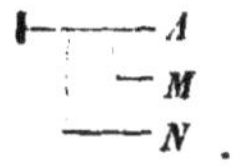

Aus diesem Urtheile und $\vdash\!\!-\!\! N$ und $\vdash\!\!-\!\! M$ folgt dann $\vdash\!\!-\!\! A$ wie oben. So kann ein Schluss nach irgend einer Schlussart auf unsern Fall zurückgeführt werden. Da es sonach möglich ist, mit einer einzigen Schlussweise auszukommen, so ist es ein Gebot der Uebersichtlichkeit, dies auch zu thun. Hierzu kommt, dass andernfalls auch kein Grund wäre, bei den Aristotelischen Schlussweisen stehen zu bleiben, sondern dass man ins Unbestimmte hinein immer noch neue hinzufügen könnte: aus jedem in einer Formel ausgedrückten Urtheile in den §§ 13 bis 22 könnte eine besondere Schlussart gemacht werden. *Es soll mit dieser Beschränkung auf eine einzige Schlussweise jedoch keineswegs ein psychologischer Satz ausgesprochen werden, sondern nur eine Formfrage im Sinne der grössten Zweckmässigkeit entschieden*

werden. Einige von den Urtheilen, die an die Stelle von Aristotelischen Schlussarten treten, werden in § 22 No. 59, 62, 65 aufgeführt werden.

Die Verneinung.

§ 7. Wenn an der untern Seite des Inhaltsstriches ein kleiner senkrechter Strich angebracht wird, so soll damit der Umstand ausgedrückt werden, *dass der Inhalt nicht stattfinde.* So bedeutet z. B.

„*A* findet nicht statt". Ich nenne diesen kleinen senkrechten Strich den *Verneinungsstrich.* Der rechts vom Verneinungsstriche befindliche Theil des wagerechten Striches ist der Inhaltsstrich von *A*, der links vom Verneinungsstriche befindliche Theil dagegen ist der Inhaltsstrich der Verneinung von *A*. Ohne den Urtheilsstrich wird hier so wenig wie anderswo in der Begriffsschrift ein Urtheil gefällt.

fordert nur dazu auf, die Vorstellung zu bilden, dass *A* nicht stattfinde, ohne auszudrücken, ob diese Vorstellung wahr sei.

Wir betrachten jetzt einige Fälle, in denen die Zeichen der Bedingtheit und der Verneinung mit einander verbunden sind.

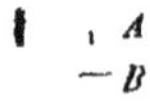

bedeutet: „der Fall, wo *B* zu bejahen und die Verneinung von *A* zu verneinen ist, findet nicht statt"; mit andern Worten: „die Möglichkeit beide, *A* und *B*, zu bejahen besteht nicht"; oder „*A* und *B* schliessen einander aus". Es bleiben also nur folgende drei Fälle übrig:

A wird bejaht und *B* wird verneint;
A wird verneint und *B* wird bejaht;
A wird verneint und *B* wird verneint.

Nach dem Vorhergehenden ist leicht anzugeben, welche Bedeutung jeder der drei Theile des wagerechten Striches vor *A* hat.

Es bedeutet

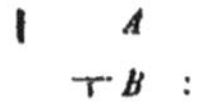

„der Fall, wo *A* verneint und die Verneinung von *B* bejaht wird, besteht nicht"; oder „beide, *A* und *B*, können nicht verneint werden". Es bleiben nur folgende Möglichkeiten übrig:

A wird bejaht und *B* wird bejaht;
A wird bejaht und *B* wird verneint;
A wird verneint und *B* wird bejaht.

A und *B* erschöpfen zusammen die ganze Möglichkeit. Die Wörter „oder" und „entweder — oder" werden nun in zweifacher Weise gebraucht:

„*A* oder *B*"

bedeutet erstens nur dasselbe wie

also dass ausser *A* und *B* nichts denkbar ist. Z. B.: wenn eine Gasmasse erwärmt wird, so vermehrt sich ihr Volumen oder ihre Spannung. Zweitens vereinigt der Ausdruck

„*A* oder *B*"

die Bedeutungen von

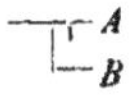 und von 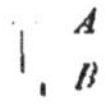

in sich, sodass also erstens ausser *A* und *B* kein Drittes möglich ist, und dass zweitens *A* und *B* sich ausschliessen. Von den vier Möglichkeiten bleiben dann nur die folgenden beiden bestehen:

A wird bejaht und *B* wird verneint;
A wird verneint und *B* wird bejaht.

Von den beiden Gebrauchsweisen des Ausdruckes „*A* oder *B*" ist die erstere, bei der das Zusammenbestehen von *A* und *B* nicht ausgeschlossen ist, die wichtigere, und *wir werden das Wort „oder" in dieser Bedeutung gebrauchen.* Vielleicht ist es angemessen zwischen „oder" und „entweder — oder" den Unterschied zu machen, dass nur das Letztere die Nebenbedeutung des sich gegenseitig Ausschliessens hat. Man kann dann

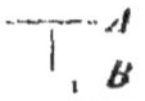

übersetzen durch „*A* oder *B*". Ebenso hat

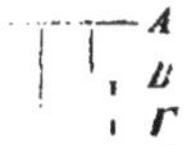

die Bedeutung von „*A* oder *B* oder *Γ*".

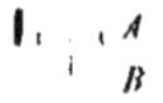

bedeutet:

„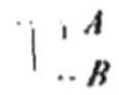

wird verneint", oder „der Fall, wo A und B beide bejaht werden, tritt ein". Die drei Möglichkeiten, welche bei

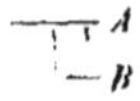

bestehen blieben, sind dagegen ausgeschlossen. Demnach kann man

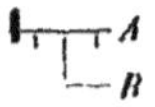

übersetzen: „beide, A und B, sind Thatsachen". Man sieht auch leicht, dass

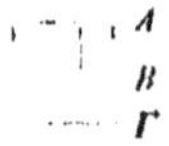

durch „A und B und Γ" wiedergegeben werden kann. Will man „entweder A oder B" mit der Nebenbedeutung des sich Ausschliessens in Zeichen darstellen, so muss man „" und „" ausdrücken. Dies giebt:

 oder auch 

Statt, wie hier geschehen, das „und" durch die Zeichen der Bedingtheit und der Verneinung auszudrücken, könnte man auch umgekehrt die Bedingtheit durch ein Zeichen für „und" und das Zeichen der Verneinung darstellen. Man könnte etwa

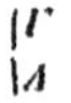

als Zeichen für den Gesammtinhalt von Γ und Δ einführen und dann

durch

wiedergeben. Ich habe die andere Weise gewählt, weil der Schluss mir bei dieser einfacher ausgedrückt zu werden schien. Der Unterschied zwischen „und“ und „aber“ ist von der Art, dass er in dieser Begriffsschrift nicht ausgedrückt wird. Der Sprechende gebraucht „aber“, wenn er einen Wink geben will, dass das Folgende von dem verschieden sei, was man zunächst vermuthen könnte.

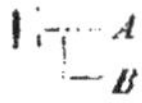

bedeutet: „von den vier Möglichkeiten tritt die dritte, nämlich dass *A* verneint und *B* bejaht werde, ein. Man kann daher übersetzen:

„*B* und (aber) nicht *A* findet statt“.

Ebenso kann man die Zeichenverbindung

übersetzen.

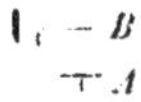

bedeutet: „der Fall, wo *A* und *B* beide verneint werden, tritt ein“. Man kann daher übersetzen:

„weder *A* noch *B* ist eine Thatsache“.

Die Wörter: „oder“, „und“, „weder — noch“ kommen hier selbstverständlich nur insofern in Betracht, als sie *beurtheilbare* Inhalte verbinden.

Die Inhaltsgleichheit.

§ 8. Die Inhaltsgleichheit unterscheidet sich dadurch von der Bedingtheit und Verneinung, dass sie sich auf Namen, nicht auf Inhalte bezieht. Während sonst die Zeichen lediglich Vertreter ihres Inhaltes sind, sodass jede Verbindung, in welche sie treten, nur eine Beziehung ihrer Inhalte zum Ausdrucke bringt, kehren sie plötzlich ihr eignes Selbst hervor, sobald sie durch das Zeichen der Inhaltsgleichheit verbunden werden; denn es wird dadurch der Umstand bezeichnet, dass zwei Namen denselben Inhalt haben. So ist denn mit der Einführung eines Zeichens der Inhaltsgleichheit nothwendig die Zwiespältigkeit in der Bedeutung aller Zeichen gegeben, indem dieselben bald für ihren Inhalt, bald für sich selber stehen. Dies erweckt zunächst den Anschein, als ob es sich hier um etwas handle, was dem *Ausdrucke* allein, *nicht dem Denken* angehöre, und als ob man gar nicht verschiedener Zeichen für denselben Inhalt und also auch keines Zeichens für die Inhaltsgleichheit bedürfe. Um die Nichtigkeit dieses Scheines klar zu legen, wähle ich folgendes Beispiel aus der Geometrie. Auf einer Kreislinie liege ein fester Punkt *A*, um den sich ein Strahl drehe. Wenn der Letztere einen Durchmesser bildet, nennen wir das dem *A* entgegengesetzte Ende desselben den zu dieser Lage gehörigen Punkt *B*. Dann nennen wir ferner denjenigen Schnittpunkt beider Linien den zu der jedesmaligen Lage des Strahles gehörigen Punkt *B*, welcher sich aus der Regel ergiebt, dass stetigen Lagenänderungen des Strahles immer stetige Lagenänderungen von *B* entsprechen sollen. Der Name *B* bedeutet also so lange etwas Unbestimmtes, als noch nicht die zugehörige Lage des Strahles angegeben ist. Man kann nun fragen: welcher Punkt gehört der Lage des Strahles an, in der er zum Durchmesser senkrecht steht? Die Antwort wird sein: der Punkt *A*. Der Name *B* hat also in diesem Falle denselben Inhalt wie der Name *A*; und doch könnte man nicht von vornherein nur Einen Namen brauchen, weil erst durch die Antwort die Rechtfertigung dafür gegeben ist. Derselbe Punkt ist in doppelter Weise bestimmt:

1) unmittelbar durch die Anschauung,
2) als Punkt *B*, welcher dem zum Durchmesser senkrechten Strahle zugehört.

Jeder dieser beiden Bestimmungsweisen entspricht ein besonderer Name. Die Nothwendigkeit eines Zeichens der Inhaltsgleichheit beruht also auf Folgendem: derselbe Inhalt kann auf verschiedene Weisen völlig bestimmt werden; dass aber in einem besondern Falle durch *zwei Bestimmungsweisen* wirklich *Dasselbe* gegeben werde, ist der Inhalt eines *Urtheils*. Bevor dies erfolgt ist, müssen den beiden Bestimmungsweisen entsprechend zwei verschiedene Namen dem dadurch Bestimmten verliehen werden. Das Urtheil aber bedarf zu seinem Ausdrucke eines Zeichens der Inhaltsgleichheit, welches jene beiden Namen verbindet. Hieraus geht hervor, dass die verschiedenen Namen für denselben Inhalt nicht immer blos eine gleichgiltige Formsache sind, sondern dass sie das Wesen der Sache selbst betreffen, wenn sie mit verschiedenen Bestimmungsweisen zusammenhängen. In diesem Falle ist das Urtheil, welches die Inhaltsgleichheit zum Gegenstande hat, im kantischen Sinne ein synthetisches. Ein mehr äusserer Grund zur Einführung eines Zeichens der Inhaltsgleichheit liegt darin, dass es zuweilen zweckmässig ist, an der Stelle eines weitläufigen Ausdrucks eine Abkürzung einzuführen. Dann hat man die Gleichheit des Inhalts der Abkürzung und der ursprünglichen Form auszudrücken.

Es bedeute nun

$$\vdash\!\!\!-\!\!-\!\!-\,(A \equiv B):$$

das Zeichen A und das Zeichen B haben denselben begrifflichen Inhalt, sodass man überall an die Stelle von A B setzen kann und umgekehrt.

Die Function.

§ 9. Denken wir den Umstand, dass Wasserstoffgas leichter als Kohlensäuregas ist, in unserer Formelsprache ausgedrückt, so können wir an die Stelle des Zeichens für Wasserstoffgas das Zeichen für Sauerstoffgas oder das für Stickstoffgas einsetzen. Hierdurch ändert sich der Sinn in der Weise, dass „Sauerstoffgas" oder „Stickstoffgas" in die Beziehungen eintritt, in denen zuvor „Wasserstoffgas" stand. Indem man einen Ausdruck in dieser Weise veränderlich denkt, zerfällt derselbe in einen bleibenden Bestandtheil, der die Gesammtheit der Beziehungen darstellt, und in das Zeichen, welches durch andere ersetzbar gedacht wird, und welches den Gegenstand bedeutet, der in diesen Beziehungen sich befindet. Den ersteren Bestandtheil nenne ich Function, den letzteren ihr Argument. Diese Unterscheidung hat mit dem begrifflichen Inhalte nichts zu thun, sondern ist allein Sache der Auffassung. Während in der vorhin angedeuteten Betrachtungsweise „Wasserstoffgas" das Argument, „leichter als Kohlensäuregas zu sein" die Function war, können wir denselben begrifflichen Inhalt auch in der Weise auffassen, dass „Kohlensäuregas" Argument, „schwerer als Wasserstoffgas zu sein" Function wird. Wir brauchen dann nur „Kohlensäuregas" durch andere Vorstellungen, wie „Salzsäuregas", „Ammoniakgas" ersetzbar zu denken.

„Der Umstand, dass Kohlensäuregas schwerer als Wasserstoffgas ist"

und

„der Umstand, dass Kohlensäuregas schwerer als Sauerstoffgas ist"

sind dieselbe Function mit verschiedenen Argumenten, wenn man „Wasserstoffgas" und „Sauerstoffgas" als Argumente betrachtet; sie sind dagegen verschiedene Functionen desselben Arguments, wenn man „Kohlensäuregas" als dieses ansieht.

Es diene noch als Beispiel „der Umstand, dass der Massenmittelpunkt des Sonnensystems keine Beschleunigung hat, falls nur innere Kräfte im Sonnensysteme wirken". Hier kommt „Sonnensystem" an zwei Stellen vor. Wir können dies daher in verschiedener Weise als Function des Argumentes „Sonnensystem" auffassen, jenachdem wir „Sonnensystem" an der ersten oder an der zweiten oder an beiden Stellen durch Anderes — im letzten Falle aber beide Male durch Dasselbe — ersetzbar denken. Diese drei Functionen sind sämmtlich verschieden. Dasselbe zeigt der Satz, dass Cato den Cato tödtete. Wenn wir hier „Cato" an der ersten Stelle ersetzbar denken, so ist „den Cato zu tödten" die Function; denken wir „Cato" an der zweiten Stelle ersetzbar, so ist „von Cato getödtet zu werden" die Function; denken wir endlich „Cato" an beiden Stellen ersetzbar, so ist „sich selbst zu tödten" die Function.

Wir drücken jetzt die Sache allgemein aus:

Wenn in einem Ausdrucke, dessen Inhalt nicht beurtheilbar zu sein braucht, ein einfaches oder zusammengesetztes Zeichen an einer oder an mehren Stellen vorkommt, und wir denken es an allen oder einigen dieser Stellen durch Anderes, überall aber durch Dasselbe ersetzbar, so nennen wir den hierbei unveränderlich erscheinenden Theil des Ausdruckes Function, den ersetzbaren ihr Argument.

Da demnach etwas als Argument und zugleich an solchen Stellen in der Function vorkommen kann, wo es nicht ersetzbar gedacht wird, so unterscheiden wir in der Function die Argumentsstellen von den übrigen.

Es möge hier vor einer Täuschung gewarnt werden, zu welcher der Sprachgebrauch leicht Veranlassung giebt. Wenn man die beiden Sätze:

„die Zahl 20 ist als Summe von vier Quadratzahlen darstellbar"

und

„jede positive ganze Zahl ist als Summe von vier Quadratzahlen darstellbar"

vergleicht, so scheint es möglich zu sein, „als Summe von vier Quadratzahlen darstellbar zu sein" als Function aufzufassen, die einmal als Argument „die Zahl 20", das andre Mal „jede positive ganze Zahl" hat. Die Irrigkeit dieser Auffassung erkennt man durch die Bemerkung, dass „die Zahl 20" und „jede positive ganze Zahl" nicht Begriffe gleichen Ranges sind. Was von der Zahl 20 ausgesagt wird, kann nicht in demselben Sinne von „jede positive ganze Zahl", allerdings aber unter Umständen von jeder positiven ganzen Zahl ausgesagt werden. Der Ausdruck „jede positive ganze Zahl" giebt nicht wie „die Zahl 20" für sich allein eine selbständige Vorstellung, sondern bekommt erst durch den Zusammenhang des Satzes einen Sinn.

Für uns haben die verschiedenen Weisen, wie derselbe begriffliche Inhalt als Function dieses oder jenes Arguments aufgefasst werden kann, keine Wichtigkeit, solange Function und Argument völlig bestimmt sind. Wenn aber das Argument *unbestimmt* wird wie in dem Urtheile: „du kannst als Argument für „„als Summe von vier Quadratzahlen darstellbar zu sein"" eine beliebige positive ganze Zahl nehmen: der Satz bleibt immer richtig", so gewinnt die Unterscheidung von Function und Argument eine *inhaltliche* Bedeutung. Es kann auch umgekehrt das Argument bestimmt, die Function aber unbestimmt sein. In beiden Fällen wird durch den Gegensatz des *Bestimmten* und *Unbestimmten* oder des *mehr* und *minder* Bestimmten das Ganze dem Inhalte nach und nicht nur in der Auffassung in *Function* und *Argument* zerlegt.

Wenn man in einer Function ein bis dahin als unersetzbar angesehenes Zeichen) an einigen oder allen Stellen, wo es vorkommt, ersetzbar denkt, so erhält man durch diese Auffassungs-*

*) Es kann auch ein schon vorher ersetzbar gedachtes Zeichen an solchen Stellen, wo es bisher als bleibend angesehen wurde, jetzt ebenfalls als ersetzbar aufgefasst werden.

weise eine Function, die ausser den bisherigen noch ein Argument hat. Auf diese Weise entstehen *Functionen von zwei und mehr Argumenten.* So kann z. B. „der Umstand, dass Wasserstoffgas leichter als Kohlensäuregas ist" als Function der beiden Argumente „Wasserstoffgas" und „Kohlensäuregas" aufgefasst werden.

Das Subject ist in dem Sinne des Sprechenden gewöhnlich das hauptsächliche Argument; das nächst wichtige erscheint oft als Object. Die Sprache hat durch die Wahl zwischen Formen und Wörtern, wie

Activum — Passivum,
schwerer — leichter,
geben — empfangen

die Freiheit, nach Belieben diesen oder jenen Bestandtheil des Satzes als hauptsächliches Argument erscheinen zu lassen, eine Freiheit, die jedoch durch den Mangel an Wörtern beschränkt ist.

§ 10. *Um eine unbestimmte Function des Argumentes A auszudrücken, lassen wir A in Klammern eingeschlossen auf einen Buchstaben folgen,* z. B.:

$$\Phi\,(A)\,.$$

Ebenso bedeutet

$$\Psi\,(A,\,B)$$

eine Function der beiden Argumente A und B, die nicht näher bestimmt ist. Hierbei vertreten die Stellen von A und B in der Klammer die Stellen, welche A und B in der Function einnehmen, einerlei ob dies einzelne, oder für A sowohl wie für B mehre sind. *Daher ist*

$$\Psi\,(A,\,B) \text{ von } \Psi\,(B,\,A)$$

im Allgemeinen verschieden.

Diesem entsprechend werden unbestimmte Functionen mehrer Argumente ausgedrückt.

Man kann $\vdash\!\!\!-\!\!-\,\Phi\,(A)$

lesen: „A hat die Eigenschaft Φ".

$$\vdash\!\!\!-\!\!-\,\Psi\,(A,\,B)$$

mag übersetzt werden durch „B steht in der Ψ-Beziehung zu A" oder „B ist Ergebnis einer Anwendung des Verfahrens Ψ auf den Gegenstand A".

Da in dem Ausdrucke

$$\Phi\,(A)$$

das Zeichen Φ an einer Stelle vorkommt, und da wir es durch andere Zeichen Ψ, X ersetzt denken können — wodurch dann andere Functionen des Argumentes A ausgedrückt würden —, *so kann man $\Phi(A)$ als eine Function des Argumentes Φ auffassen.* Man sicht hieran besonders klar, dass der Functionsbegriff der Analysis, dem ich mich im Allgemeinen angeschlossen habe, weit beschränkter ist als der hier entwickelte.

Die Allgemeinheit.

§ 11. In dem Ausdrucke eines Urtheils kann man die rechts von $\vdash\!\!-\!\!-$ stehende Verbindung von Zeichen immer als Function eines der darin vorkommenden Zeichen ansehen. *Setzt man an die Stelle dieses Argumentes einen deutschen Buchstaben, und giebt man dem Inhaltsstriche eine Höhlung, in der dieser selbe Buchstabe steht, wie in*

$$\vdash\!\overset{\mathfrak{a}}{\smile}\!-\Phi(\mathfrak{a}),$$

so bedeutet dies das Urtheil, dass jene Function eine Thatsache sei, was man auch als ihr Argument ansehen möge. Da ein als Functionszeichen wie Φ in $\Phi(A)$ gebrauchter Buchstabe selbst als Argument einer Function angesehen werden kann, so kann an die Stelle desselben in dem Sinne, der eben festgesetzt ist, ein deutscher Buchstabe treten. Die Bedeutung eines deutschen Buchstaben ist nur den selbstverständlichen Beschränkungen unterworfen, dass dabei die Beurtheilbarkeit (§ 2) einer auf einen Inhaltsstrich folgenden Zeichenverbindung unberührt bleiben muss, und dass, wenn der deutsche Buchstabe als Functionszeichen auftritt, diesem Umstande Rechnung getragen werde. *Alle übrigen Bedingungen, denen das unterworfen sein muss, was an die Stelle eines deutschen Buchstaben gesetzt werden darf, sind in das Urtheil aufzunehmen.* Aus einem solchen Urtheile kann man daher immer eine beliebige Menge von *Urtheilen mit weniger allgemeinem Inhalte* herleiten, indem man jedes Mal an die Stelle des deutschen Buchstaben etwas Anderes einsetzt, wobei dann die Höhlung im Inhaltsstriche wieder verschwindet. Der links von der Höhlung befindliche wagerechte Strich in

$$\vdash\!\overset{\mathfrak{a}}{\smile}\!-\Phi(\mathfrak{a})$$

ist der Inhaltsstrich dafür, dass $\Phi(\mathfrak{a})$ gelte, was man auch an die Stelle von $\mathfrak{a}$ setzen möge, der rechts von der Höhlung befindliche ist der Inhaltsstrich von $\Phi(\mathfrak{a})$, wobei an die Stelle von $\mathfrak{a}$ etwas Bestimmtes eingesetzt gedacht werden muss.

Nach dem, was oben über die Bedeutung des Urtheilsstriches gesagt worden, ist leicht zu sehen, was ein Ausdruck wie

$$\overset{\mathfrak{a}}{\smile}\ X(\mathfrak{a})$$

bedeutet. Dieser kann als Theil in einem Urtheile vorkommen wie

$$\vdash_{\mathsf{i}}\overset{\mathfrak{a}}{\smile}\cdot\ X(\mathfrak{a})\ ,\qquad \vdash\!\!\begin{array}{c} \;\;\; A \\ \hline \overset{\mathfrak{a}}{\smile}\ -X(\mathfrak{a})\ . \end{array}$$

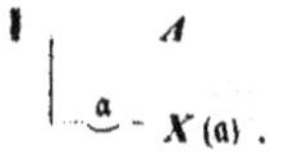

Es ist einleuchtend, dass man aus diesen Urtheilen nicht wie aus

$$\vdash\!-\overset{\mathfrak{a}}{\smile}\!-\Phi(\mathfrak{a})$$

durch Einsetzen von etwas Bestimmten an die Stelle von $\mathfrak{a}$ weniger allgemeine Urtheile ableiten kann. Durch $\vdash_{\mathsf{i}}\overset{\mathfrak{a}}{\smile}\!-X(\mathfrak{a})$ wird verneint, dass $X(\mathfrak{a})$ immer eine Thatsache sei, was man auch an die Stelle von $\mathfrak{a}$ setzen möge. Hiermit ist keineswegs geleugnet, dass man für $\mathfrak{a}$ eine Bedeutung $\varDelta$ angeben könne, sodass $X(\varDelta)$ eine Thatsache sei.

$$\vdash\!\!\begin{array}{c} \;\;\;\;\;\;\; A \\ \hline \overset{\mathfrak{a}}{\smile}\ -X(\mathfrak{a}) \end{array}$$

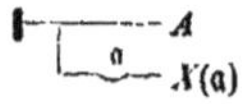

bedeutet, dass der Fall, wo $-\overset{\mathfrak{a}}{\smile}\!-X(\mathfrak{a})$ bejaht und A verneint wird, nicht eintritt. Hiermit ist aber keineswegs verneint, dass der Fall, wo $X(\varDelta)$ bejaht und A verneint wird, eintrete; denn, wie wir eben sahen, kann $X(\varDelta)$ bejaht und doch $-\overset{\mathfrak{a}}{\smile}\!-X(\mathfrak{a})$ verneint werden. Also auch hier kann man nicht etwas Beliebiges an die Stelle von $\mathfrak{a}$ setzen, ohne die Richtigkeit des Urtheils zu gefährden. Dies erklärt, weshalb die Höhlung mit dem hineingeschriebenen deutschen Buchstaben nöthig ist: *sie grenzt das Gebiet ab, auf welches sich die durch den Buchstaben bezeichnete Allgemeinheit bezieht. Nur innerhalb seines Gebietes hält der deutsche Buchstabe seine Bedeutung fest;* in einem Urtheile kann derselbe deutsche Buchstabe in verschiedenen Gebieten vorkommen, ohne dass die Bedeutung, die man ihm etwa in dem einen beilegt, sich auf die übrigen miterstreckt. Das Gebiet eines deutschen Buchstaben kann das eines andern einschliessen, wie das Beispiel

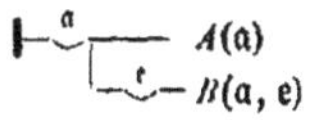

zeigt. In diesem Falle müssen sie *verschieden* gewählt werden; man dürfte nicht statt $\mathfrak{e}$ $\mathfrak{a}$ setzen. Es ist natürlich gestattet, einen deutschen Buchstaben überall in seinem Gebiete durch einen bestimmten andern zu ersetzen, wenn nur an Stellen, wo vorher verschiedene Buchstaben standen, auch nachher verschiedene stehen. Dies ist ohne Einfluss auf den Inhalt. *Andere Ersetzungen sind nur dann erlaubt, wenn die Höhlung unmittelbar auf den Urtheilsstrich folgt*, sodass der Inhalt des ganzen Urtheils das Gebiet des deutschen Buchstaben ausmacht. Weil dieser Fall demnach ein ausgezeichneter ist, will ich für ihn folgende Abkürzung einführen. *Ein lateinischer Buchstabe habe als Gebiet immer den Inhalt des ganzen Urtheils*, ohne dass dies durch eine Höhlung im Inhaltsstrich bezeichnet wird. Wenn ein lateinischer Buchstabe in einem Ausdrucke vorkommt, dem kein Urtheilsstrich vorhergeht, so ist dieser Ausdruck sinnlos. *Ein lateinischer Buchstabe darf immer durch einen deutschen, der noch nicht im Urtheile vorkommt, ersetzt werden*, wobei die Höhlung unmittelbar nach dem Urtheilsstriche anzubringen ist. Z. B. kann man statt

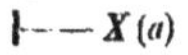

setzen

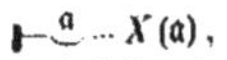

wenn a nur an den Argumentsstellen in $X(a)$ vorkommt.

Auch ist einleuchtend, dass man aus

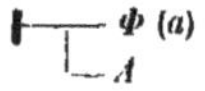

ableiten kann

wenn A ein Ausdruck ist, in welchem a nicht vorkommt, und wenn $\mathfrak{a}$ in $\Phi(a)$ nur an den Argumentsstellen steht. Wenn $-\overset{\mathfrak{a}}{\smile}-\Phi(\mathfrak{a})$ verneint wird, so muss man eine Bedeutung für a angeben können, sodass $\Phi(a)$ verneint wird. Wenn also $-\overset{\mathfrak{a}}{\smile}-\Phi(\mathfrak{a})$ verneint und A bejaht würde, so müsste man eine Bedeutung für a angeben können, sodass A bejaht und $\Phi(a)$ verneint würde. Dies kann man aber wegen

$$\vdash \quad \frac{\Phi(a)}{A}$$

nicht; denn dies bedeutet, dass, was auch a sein möge, der Fall, wo $\Phi(a)$ verneint und A bejaht würde, ausgeschlossen sei. Daher kann man nicht $-\!\!\!\underset{a}{\cup}\!\!-\Phi(a)$ verneinen und A bejahen; d. h.:

$$\vdash \quad \underset{a}{\cup} \quad \frac{\Phi(a)}{A} \, .$$

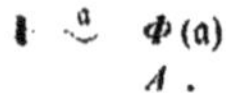

Ebenso kann man aus

$$\vdash \quad \frac{\Phi(a)}{\begin{array}{c} A \\ B \end{array}}$$

folgern

$$\vdash\!\!\!-\!\!\underset{a}{\quad}\!\!- \frac{\Phi(a)}{\begin{array}{c} A \\ B \end{array}} \, .$$

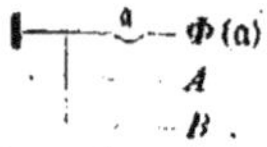

wenn a in A und B nicht vorkommt und $\Phi(a)$ nur an den Argumentsstellen a enthält. Dieser Fall kann auf den vorigen zurückgeführt werden, da man statt

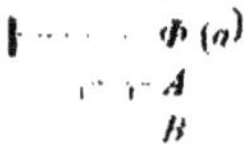

$$\vdash \quad \frac{\Phi(a)}{\begin{array}{c} A \\ B \end{array}}$$

$$\vdash \quad \frac{\Phi(a)}{\begin{array}{c} A \\ B \end{array}}$$

setzen und

$$\vdash\!\!\!-\!\!\underset{a}{\quad}\!\!- \frac{\Phi(a)}{\begin{array}{c} A \\ B \end{array}}$$

wieder in

$$\vdash \quad \underset{a}{\cup} \quad \frac{\Phi(a)}{\begin{array}{c} A \\ B \end{array}}$$

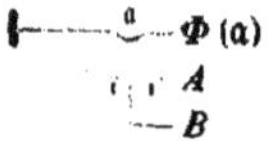

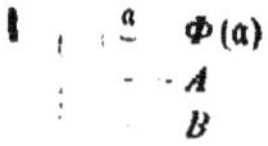

verwandeln kann. Aehnliches gilt, wenn noch mehr Bedingungsstriche vorhanden sind.

§ 12. Wir betrachten jetzt einige Verbindungen von Zeichen.

$$\vdash\!\!\!-\!\!\underset{a}{\quad}\!\!-\!X(a)$$

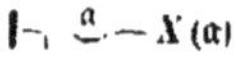

bedeutet, dass man etwas, z. B. Δ, finden könne, sodass $X(\Delta)$ verneint werde. Man kann daher übersetzen: „es giebt einige Dinge, die nicht die Eigenschaft X haben."
Hiervon abweichend ist der Sinn von

$$\vdash\!\!\overset{\mathfrak{a}}{\smile}\!\!\top\! X(\mathfrak{a})\,.$$

Dies bedeutet: „was auch $\mathfrak{a}$ sein mag, $X(\mathfrak{a})$ ist immer zu verneinen", oder: „etwas, was die Eigenschaft X habe, giebt es nicht"; oder, wenn wir etwas, was die Eigenschaft X hat, ein X nennen: „es giebt kein X".

$-\!\!\overset{\mathfrak{a}}{\smile}\!\!\top\! \Lambda(\mathfrak{a})$ wird verneint durch

$$\vdash\!\!\top\!\!\overset{\mathfrak{a}}{\smile}\!\!\top\! \Lambda(\mathfrak{a})\,.$$

Man kann es daher übersetzen: „es giebt Λ's".*)

$$\vdash\!\!\overset{\mathfrak{a}}{\smile}\!\!\!\begin{array}{l}\!-P(\mathfrak{a})\\ \,\llcorner X(\mathfrak{a})\end{array}$$

bedeutet: „was man auch an die Stelle von $\mathfrak{a}$ setzen möge, der Fall, dass $P(\mathfrak{a})$ verneint und $X(\mathfrak{a})$ bejaht werden müsste, kommt nicht vor". Da ist es also möglich, dass bei einigen Bedeutungen, die man dem $\mathfrak{a}$ geben kann,

$P(\mathfrak{a})$ zu bejahen und $X(\mathfrak{a})$ zu bejahen, bei andern

$P(\mathfrak{a})$ zu bejahen und $X(\mathfrak{a})$ zu verneinen, bei noch andern

$P(\mathfrak{a})$ zu verneinen und $X(\mathfrak{a})$ zu verneinen wäre.

Man kann daher übersetzen: „wenn etwas die Eigenschaft X hat, so hat es auch die Eigenschaft P", oder „jedes X ist ein P", oder „alle X's sind P's".

Dies ist die Art, wie ursächliche Zusammenhänge ausgedrückt werden.

$$\vdash\!\!\overset{\mathfrak{a}}{\smile}\!\!\top\!\!\!\begin{array}{l}\top P(\mathfrak{a})\\ \llcorner\, \Psi(\mathfrak{a})\end{array}$$

bedeutet: „dem $\mathfrak{a}$ kann keine solche Bedeutung gegeben werden, dass $P(\mathfrak{a})$ und $\Psi(\mathfrak{a})$ beide bejaht werden könnten". Man kann

---

*) Dies ist so zu verstehen, dass es den Fall „es giebt ein Λ" mitumfasst. Wenn z. B. $\Lambda(x)$ den Umstand bedeutet, dass x ein Haus ist, so heisst

$$\vdash\!\!\top\!\!\overset{\mathfrak{a}}{\smile}\!\!\top\! \Lambda(\mathfrak{a})$$

„es giebt Häuser oder mindestens Ein Haus". Vgl. § 2, Anm. 2.

daher übersetzen: „was die Eigenschaft Ψ hat, hat nicht die Eigenschaft P", oder „kein Ψ ist ein P".

$$\vdash \!\!-\!\!\! \overset{a}{\frown}\!\!\top\!\! \begin{array}{l} P(a) \\ A(a) \end{array}$$

verneint $-\overset{a}{\frown}\!\top\!\! \begin{array}{l} P(a) \\ A(a) \end{array}$ und kann daher wiedergegeben werden

durch: „einige A's sind nicht P's".

$$\vdash \!\!-\!\!\! \overset{a}{\smile}\!\!\top\!\! \begin{array}{l} P(a) \\ M(a) \end{array}$$

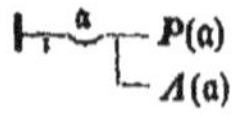

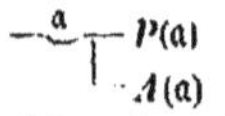

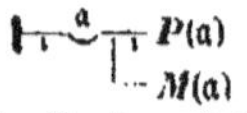

leugnet, dass kein M ein P sei, und bedeutet daher: „einige*) M's sind P's"; oder: „es ist möglich, dass ein M ein P sei".

So ergiebt sich die Tafel der logischen Gegensätze:

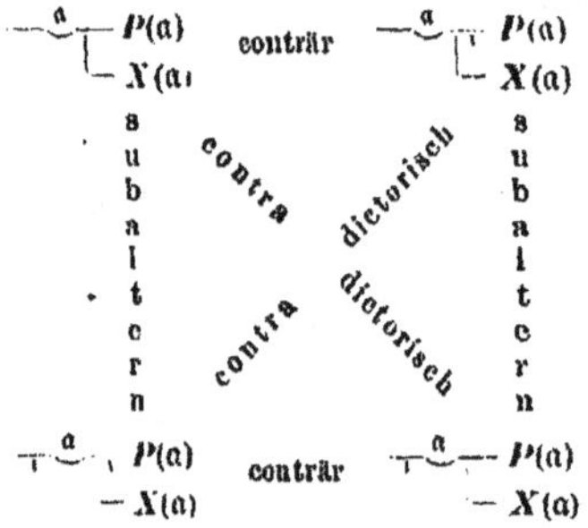

*) Das Wort „einige" ist hier immer so zu verstehen, dass es den Fall „ein" mit umfasst. Weitläufiger würde man sagen: „einige oder mindestens doch ein".

II. Darstellung und Ableitung einiger Urtheile des reinen Denkens.

§ 13. Einige Grundsätze des Denkens sind schon im ersten Abschnitte herangezogen worden, um in Regeln für die Anwendung unserer Zeichen verwandelt zu werden. Diese Regeln und die Gesetze, deren Abbilder sie sind, können in der Begriffsschrift deshalb nicht ausgedrückt werden, weil sie ihr zu Grunde liegen. In diesem Abschnitte sollen nun einige Urtheile des reinen Denkens, bei denen dies möglich ist, in Zeichen dargestellt werden. Es liegt nahe, die zusammengesetzteren dieser Urtheile aus einfacheren abzuleiten, nicht um sie gewisser zu machen, was meistens unnöthig wäre, sondern um die Beziehungen der Urtheile zu einander hervortreten zu lassen. Es ist offenbar nicht dasselbe, ob man blos die Gesetze kennt, oder ob man auch weiss, wie die einen durch die andern schon mitgegeben sind. Auf diese Weise gelangt man zu einer kleinen Anzahl von Gesetzen, in welchen, wenn man die in den Regeln enthaltenen hinzunimmt, der Inhalt aller, obschon unentwickelt, eingeschlossen ist. Und auch dies ist ein Nutzen der ableitenden Darstellungsweise, dass sie jenen Kern kennen lehrt. Da man bei der unübersehbaren Menge der aufstellbaren Gesetze nicht alle aufzählen kann, so ist Vollständigkeit nicht anders als durch Aufsuchung derer zu erreichen, die *der Kraft nach* alle in sich schliessen. Nun muss freilich zugestanden werden, dass die Zurückführung nicht nur in dieser einen Weise möglich ist. Daher werden durch eine solche Darstellungsweise nicht alle Beziehungen der Gesetze des Denkens klar gelegt. Es giebt vielleicht noch eine andere Reihe von Urtheilen, aus denen ebenfalls, mit Hinzunahme der in den Regeln enthaltenen, alle Denkgesetze abgeleitet werden können. Immerhin ist mit der hier gegebenen

Zurückführungsweise eine solche Menge von Beziehungen dargelegt, dass jede andere Ableitung sehr dadurch erleichtert wird.

Die Zahl der Sätze, die in der folgenden Darstellung den Kern bilden, ist neun. Von diesen bedürfen drei, die Formeln 1, 2 und 8, zu ihrem Ausdrucke, abgesehen von Buchstaben, nur des Zeichens der Bedingtheit; drei, die Formeln 28, 31 und 41, enthalten dazu noch das Zeichen der Verneinung, zwei, die Formeln 52 und 54, das der Inhaltsgleichheit, und in einem, Formel 58, kommt die Höhlung des Inhaltsstriches zur Verwendung.

Die folgende Ableitung würde den Leser ermüden, wollte er sie in allen Einzelheiten verfolgen; sie hat nur den Zweck, die Antwort für jede Frage über die Abfolge eines Gesetzes bereit zu halten.

§ 14.

(1.

besagt: „der Fall, wo *a* verneint, *b* bejaht und *a* bejaht wird, ist ausgeschlossen“. Dies leuchtet ein, da *a* nicht zugleich verneint und bejaht werden kann. Man kann das Urtheil auch so in Worten ausdrücken: „wenn ein Satz *a* gilt, so gilt er auch, falls ein beliebiger Satz *b* gilt“. Es bedeute z. B. *a* den Satz, dass die Summe der Winkel im Dreiecke *ABC* zwei Rechte betrage;

b den Satz, dass der Winkel *ABC* ein Rechter sei.

Dann erhalten wir das Urtheil: „wenn die Summe der Winkel im Dreiecke *ABC* zwei Rechte beträgt, so gilt dies auch für den Fall, dass der Winkel *ABC* ein Rechter ist“.

Die 1 rechts von

ist die Nummer dieser Formel.

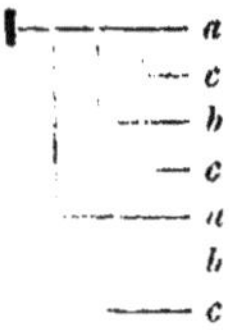

(2.

bedeutet: „der Fall wo

verneint und

bejaht wird, findet nicht statt".

bedeutet aber den Umstand, dass der Fall, wo *a* verneint, *b* bejaht und *c* bejaht wird, ausgeschlossen sei. Die Verneinung von

sagt, dass  verneint und  bejaht werde. Die Verneinung von 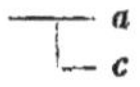 aber bedeutet, dass *a* verneint, *c* bejaht werde. Die Verneinung von

bedeutet also, dass *a* verneint, *c* bejaht, 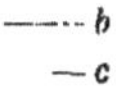 bejaht werde. Die Bejahung von 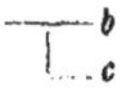 und *c* zieht aber die Bejahung von *b* nach sich. Daher hat die Verneinung von

die Verneinung von a und die Bejahung von b und von c zur Folge. Diesen Fall schliesst die Bejahung von

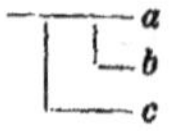

grade aus. Es kann also der Fall, wo

verneint und

bejaht wird, nicht stattfinden, und dies behauptet das Urtheil

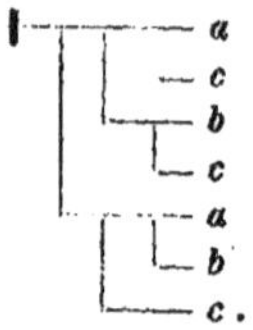

Für den Fall, dass ursächliche Verknüpfungen vorliegen, kann man dies auch so ausdrücken:

„wenn ein Satz (a) die nothwendige Folge von zwei Sätzen (b und c) ist 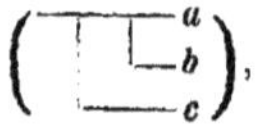, und wenn der eine von ihnen (b) wieder die nothwendige Folge des andern (c) ist, so ist der Satz (a) die nothwendige Folge dieses letzten (c) allein.

Es bedeute z. B.

c, dass in einer Zahlenreihe *Z* jedes nachfolgende Glied grösser als das vorangehende sei;

b, dass ein Glied *M* grösser als *L* sei;

a, dass das Glied *N* grösser als *L* sei.

Dann erhalten wir folgendes Urtheil:

„wenn aus den Sätzen, dass in der Zahlenreihe *Z* jedes folgende Glied grösser als das vorangehende ist, und dass das Glied *M* grösser als *L* ist, geschlossen werden kann, dass das Glied *N* grösser als *L* ist, und wenn aus dem Satze, dass in der Zahlenreihe *Z* jedes nachfolgende Glied grösser als das vorangehende ist, folgt, dass *M* grösser als *L* ist, so kann der Satz, dass *N* grösser als *L* ist, aus dem Satze geschlossen werden, dass jedes nachfolgende Glied in der Zahlenreihe *Z* grösser als das vorangehende ist".

§ 15.

2

(1):

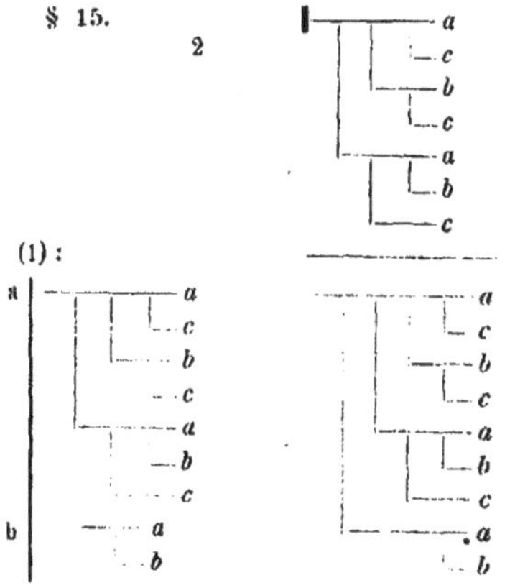

(3.

Die 2 links bedeutet, dass rechts davon die Formel (2) steht. Der Schluss, welcher den Uebergang von (2) und (1) zu (3) bewirkt, ist nach § 6 abgekürzt ausgedrückt. Ausführlich würde er so geschrieben werden:

1

2

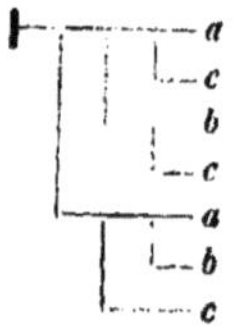

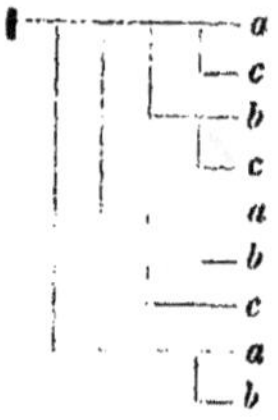

(3.

Um nun den Satz (1) in der verwickelteren Gestalt, in der er hier erscheint, leichter erkennbar zu machen, dient die kleine Tabelle unter der 1. Sie besagt, dass man in

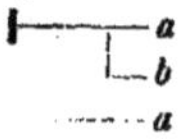

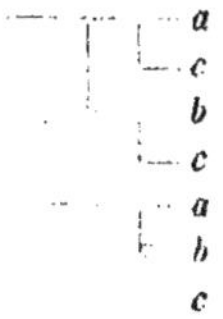

an die Stelle von *a* und

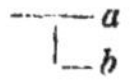

an die Stelle von *b* setzen möge.

3

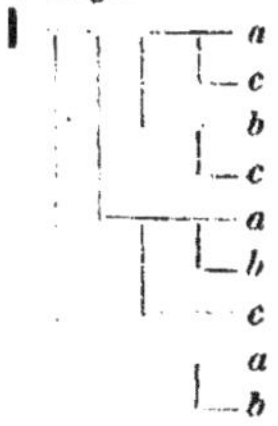

(2) :

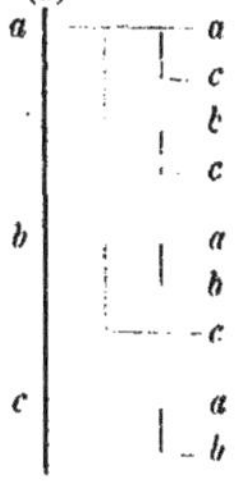

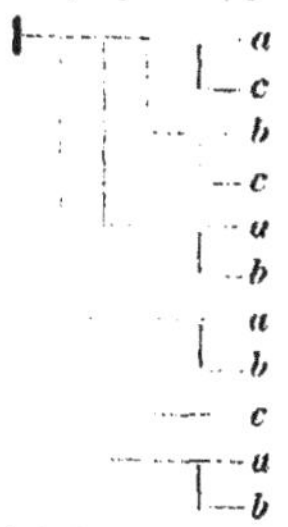

(4.

Die Tabelle unter der (2) bedeutet, dass man in

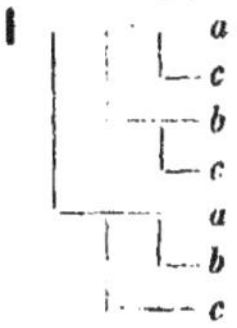

an die Stellen von *a*, *b*, *c* die rechts davon stehenden Ausdrücke setzen möge, wodurch man erhält

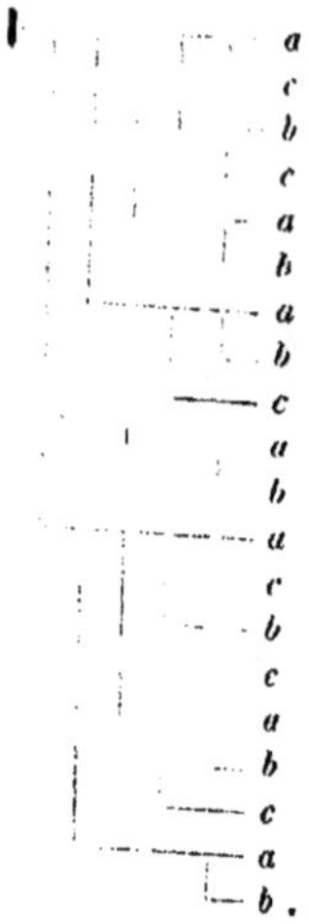

Man sieht leicht, wie hieraus und aus (3) (4) folgt.

4

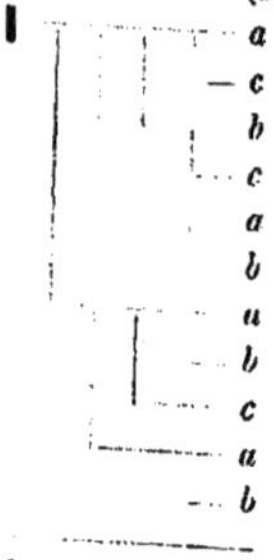

(1)::

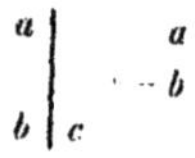

(5.

Die Bedeutung des doppelten Kolon ist in § 6 erklärt.
Beispiel zu (5). Es sei

a der Umstand, dass das Stück Eisen *E* magnetisch werde;

b der Umstand, dass durch den Draht *D* ein galvanischer Strom fliesse;

c der Umstand, dass der Schlüssel *T* niedergedrückt werde.

Wir erhalten dann das Urtheil:

„wenn der Satz gilt, dass *E* magnetisch wird, sobald durch *D* ein galvanischer Strom fliesst;
wenn ferner der Satz gilt, dass ein galvanischer Strom durch *D* fliesst, sobald *T* niedergedrückt wird:
so wird *E* magnetisch, wenn *T* niedergedrückt wird."

Man kann (5) bei Voraussetzung ursächlicher Zusammenhänge so ausdrücken:

„wenn *b* eine hinreichende Bedingung für *a*, wenn *c* eine hinreichende Bedingung für *b* ist, so ist *c* eine hinreichende Bedingung für *a*."

5

(5):

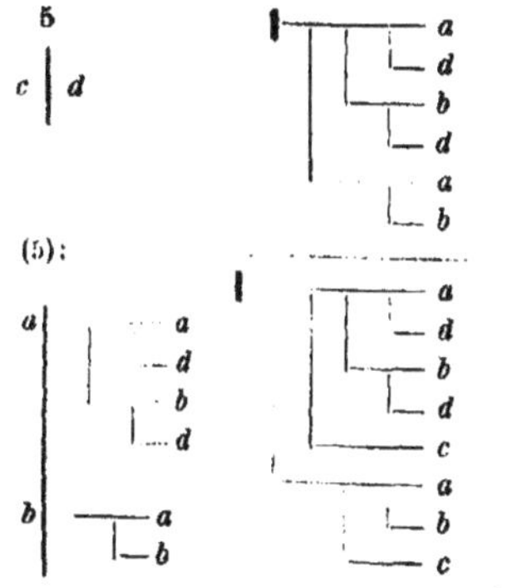

(6.

5

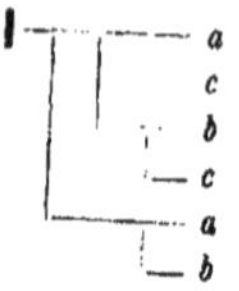

$$
\begin{array}{l}
a \\
c \\
b \\
c \\
a \\
b
\end{array}
$$

(6) :

$$
\begin{array}{l|l}
a & a \\
 & c \\
b & b \\
 & c \\
c & a \\
 & b
\end{array}
\qquad
\begin{array}{l}
a \\
c \\
d \\
b \\
c \\
d \\
a \\
b
\end{array}
$$

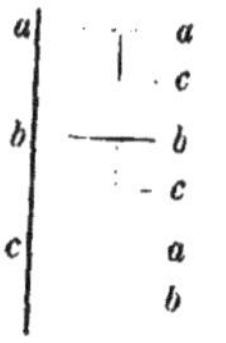

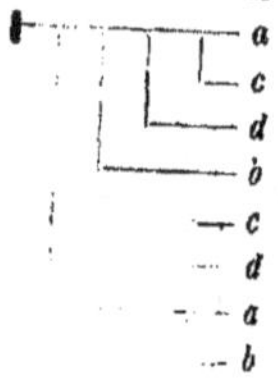

(7.

Dieser Satz unterscheidet sich von (5) nur dadurch, dass an die Stelle der einen Bedingung, c, zwei, c und d, getreten sind.

Beispiel zu (7). Es bedeute

d den Umstand, dass der Kolben K einer Luftpumpe von seiner äussersten Lage links in seine äusserste Lage rechts bewegt werde;

c den Umstand, dass der Hahn H in der Stellung I sich befinde;

b den Umstand, dass die Dichtigkeit D der Luft im Recipienten der Luftpumpe auf die Hälfte gebracht werde;

a den Umstand, dass die Höhe H des Standes eines mit dem Raume des Recipienten in Verbindung stehenden Barometers auf die Hälfte herabsinke.

Dann erhalten wir das Urtheil:

„wenn der Satz gilt, dass die Höhe H des Barometerstandes auf die Hälfte herabsinkt, sobald die Dichtigkeit D der Luft auf die Hälfte gebracht wird;

wenn ferner der Satz gilt, dass die Luftdichtigkeit D auf die Hälfte gebracht wird, wenn der Kolben K aus der äussersten Lage links in die äusserste Lage rechts bewegt wird, und wenn der Hahn H sich in der Stellung I befindet:

so folgt,

dass die Höhe H des Barometerstandes auf die Hälfte herabsinkt, wenn der Kolben K aus der äussersten Lage links in die äusserste Lage rechts bewegt wird, während der Hahn H sich in der Stellung I befindet".

§ 16.

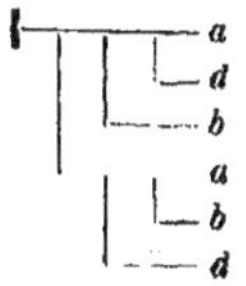

(8.

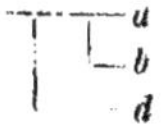

bedeutet, dass der Fall, wo *a* verneint, *b* und *d* aber bejaht werden, nicht stattfinde;

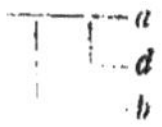

bedeutet dasselbe, und (8) sagt, dass der Fall, wo  verneint und  bejaht werde, ausgeschlossen sei. Dies kann auch so ausgesprochen werden: „wenn ein Satz die Folge von zwei Bedingungen ist, so ist deren Reihenfolge gleichgiltig".

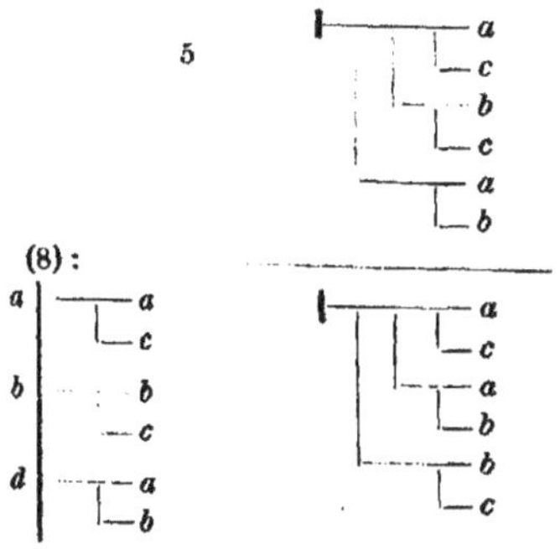

(9.

Dieser Satz unterscheidet sich nur unwesentlich von (5).

8

a	b
b	e

(9) :

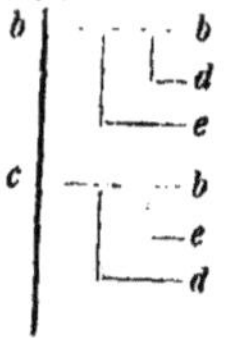

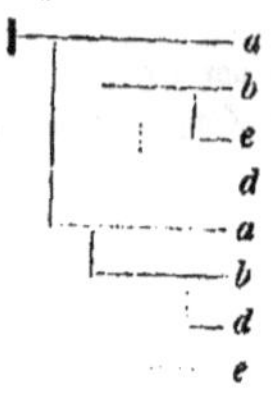

(10.

1

a	b
b	c

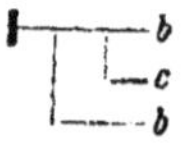

(9) :

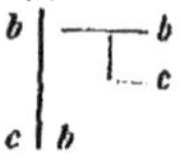

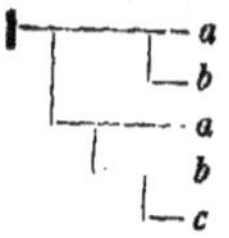

(11.

Diese Formel kann man so übersetzen: „wenn der Satz, dass *b* oder nicht *c* stattfinde, eine hinreichende Bedingung für *a* ist, so ist *b* allein eine hinreichende Bedingung für *a*."

8

d | c

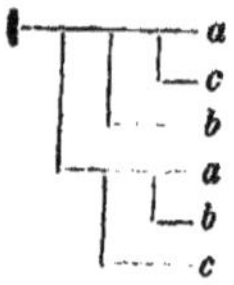

(5) :

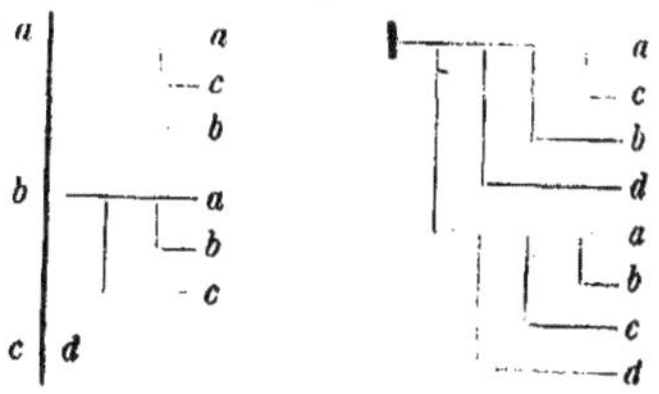

(12.

Die Sätze (12) bis (17) und (22) zeigen, wie bei mehren Bedingungen die Reihenfolge abgeändert werden kann.

12

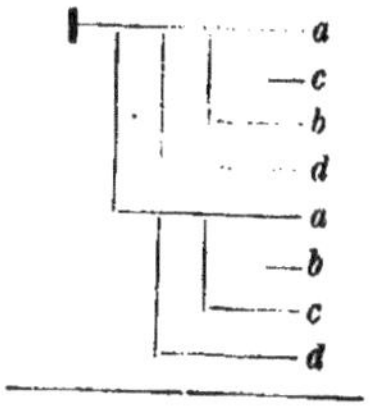

(12) :

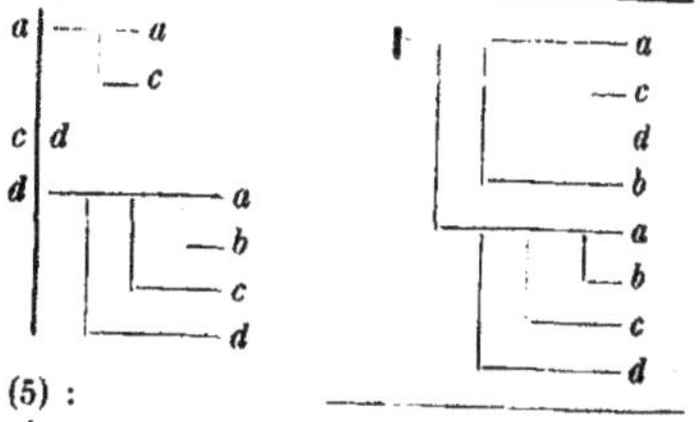

(13.

(5) :

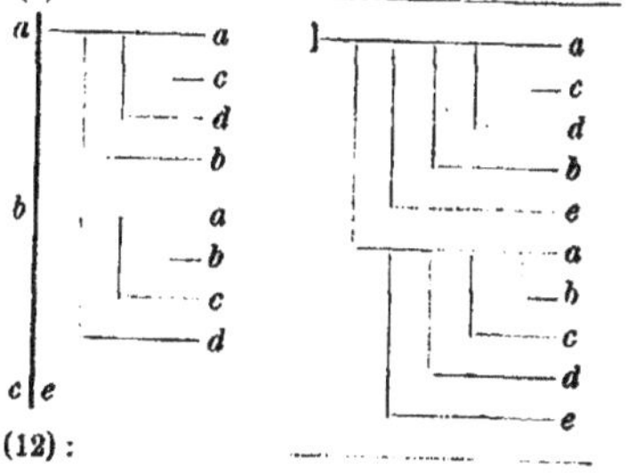

(14.

(12) :

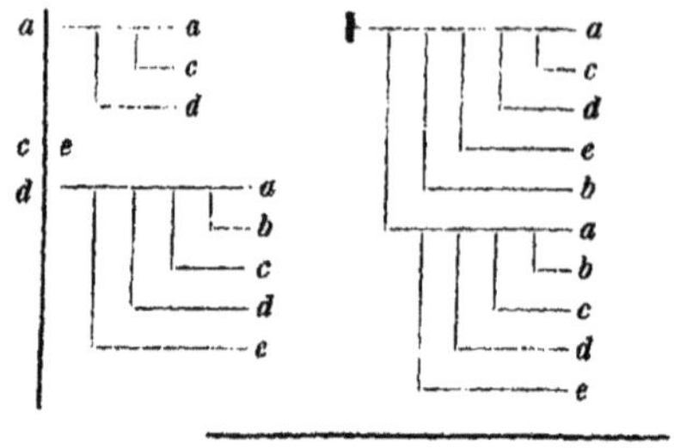

(15.

12

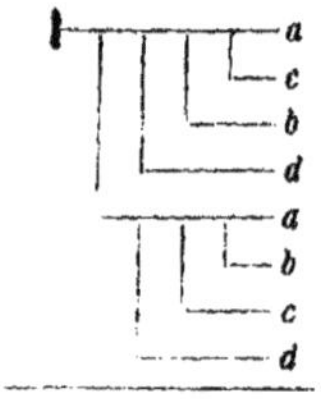

(5) :

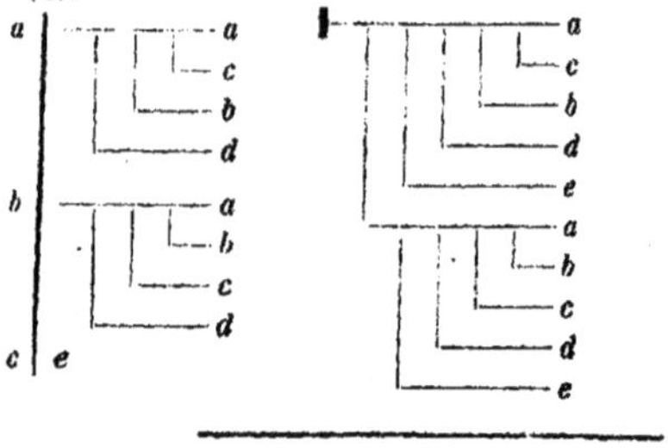

(16.

8

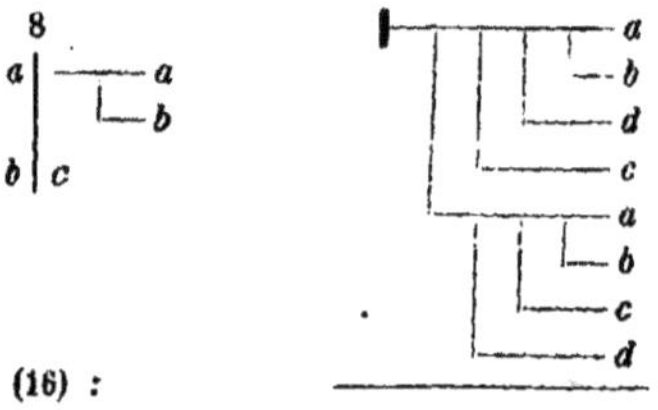

(16) :

c | d
d | c
e |

(17.

5

a |
b | c
c | d

(16):

c | d
d |
e |

9

(18.

(18):

a |
b |
c |

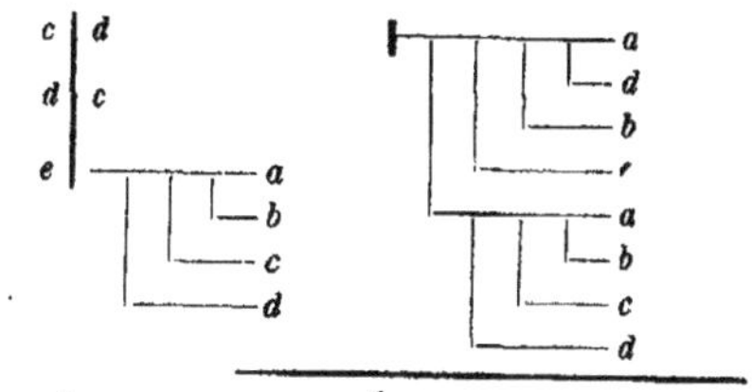

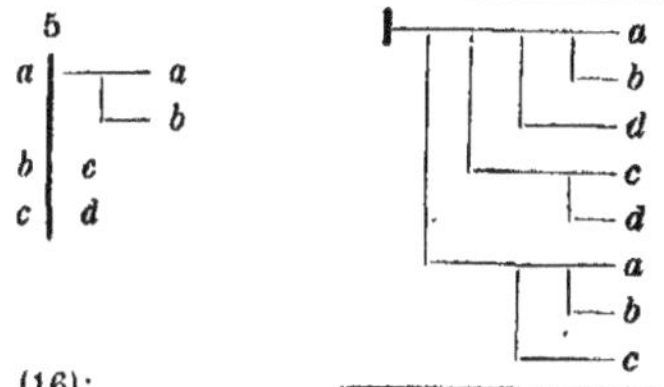

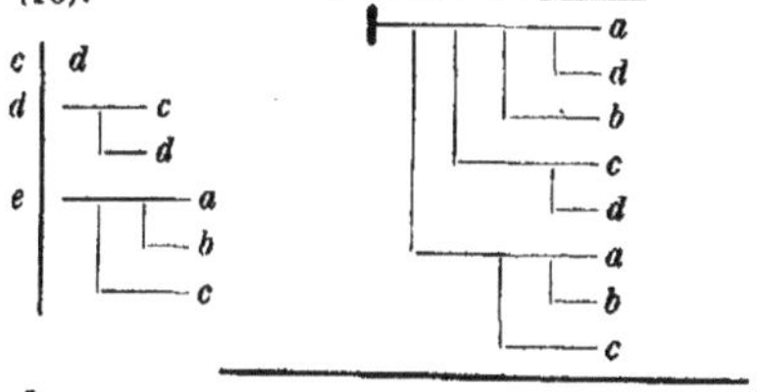

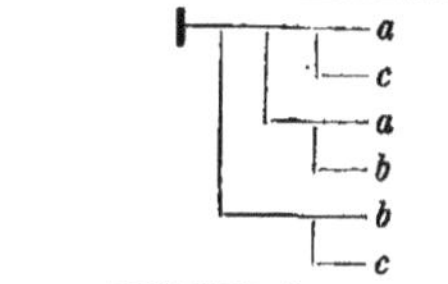

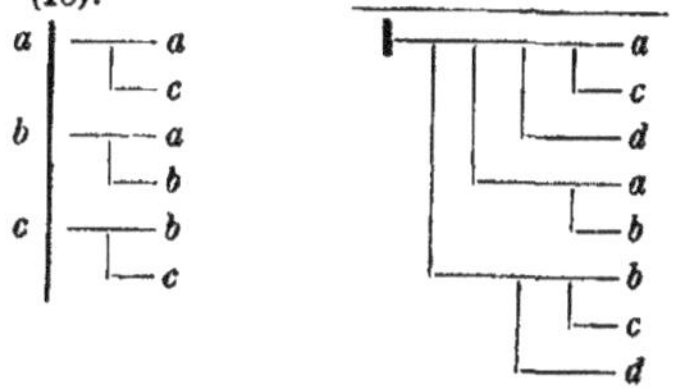

(19.

Dieser Satz ist von (7.) nur unwesentlich verschieden.

19

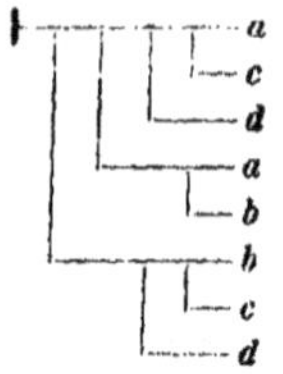

(18):

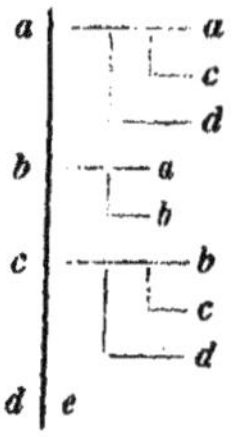

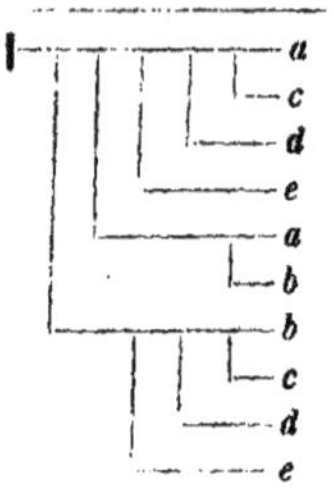

(20.

9

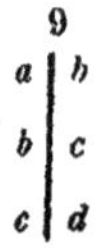

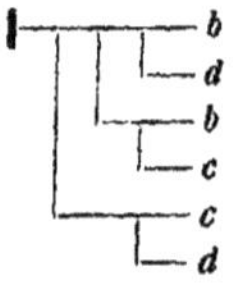

(19):

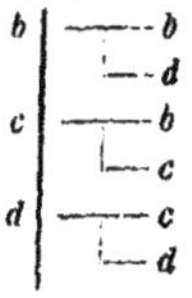

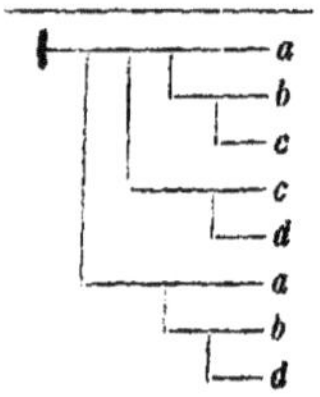

(21.

16

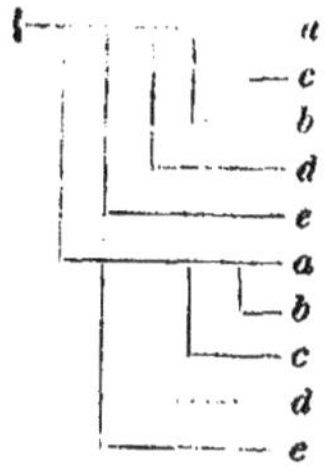
a
c
b
d
e
a
b
c
d
e

(5) :

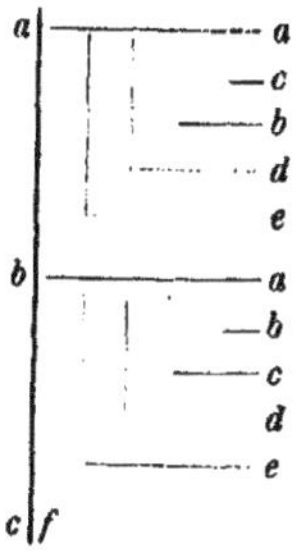
a
a
c
b
d
e
b
a
b
c
d
e
c
f

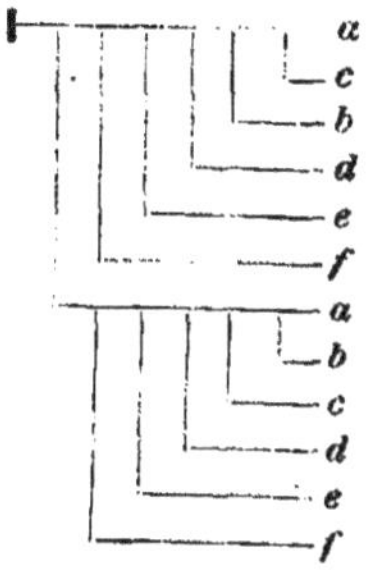
a
c
b
d
e
f
a
b
c
d
e
f

(22.

18

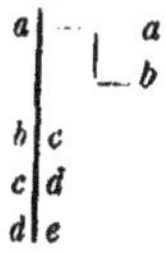
a
a
b
b
c
c
d
d
e

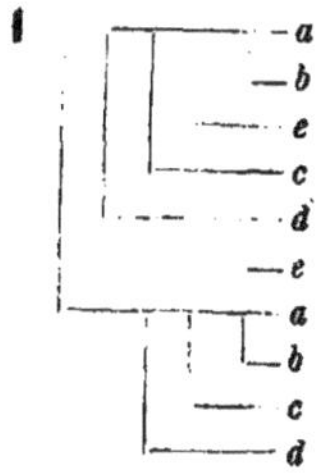
a
b
e
c
d
e
a
b
c
d

(22) :

c | e — a
d | c — e
e — d — b
— e — c
— d
f — a — e
— b — a
— c — b
— d — c
d (23.

---

1 — a
a | — a — c
— c — b
— a
— c

(12) :
b | c — a
c | b — b
d | — a — c
— c — a
— c (24.

(5) :
a | — a — a
— b — b
c — c
b | — a — d
— c — a
c | d — c
— d (25.

---

1 — a
— b
— a

(8) :
d | a — a
— a
— b (26.

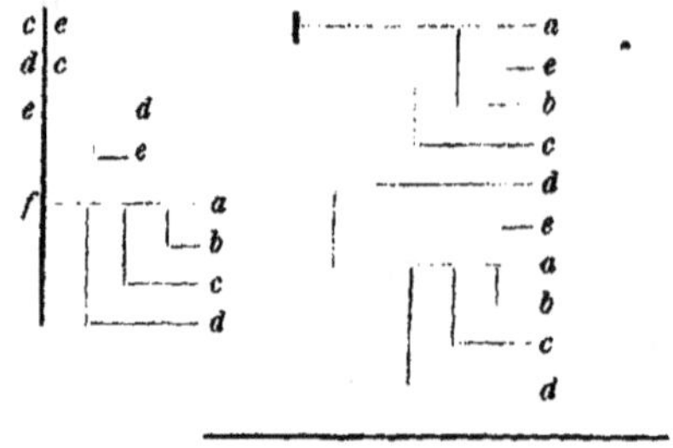

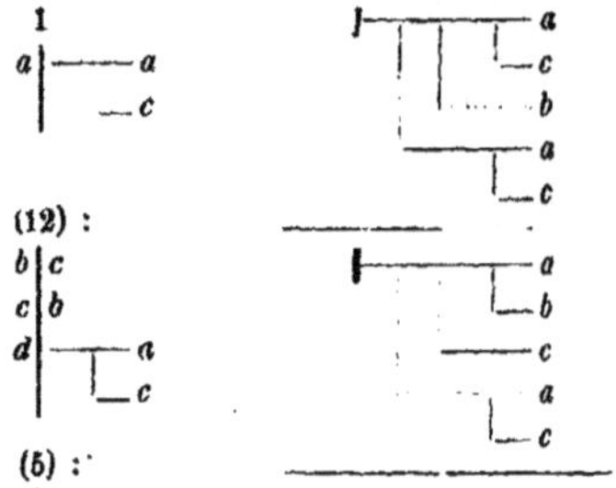

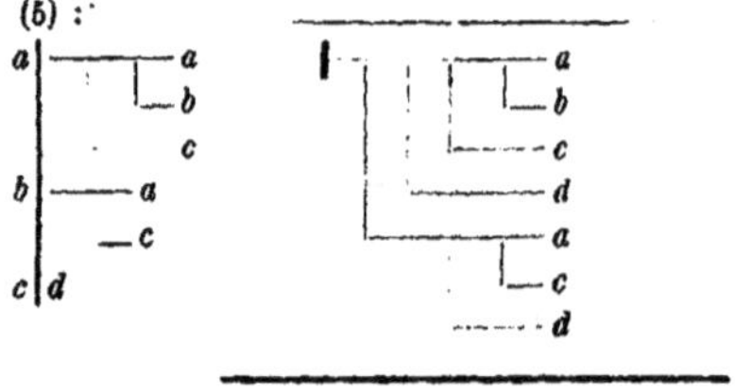

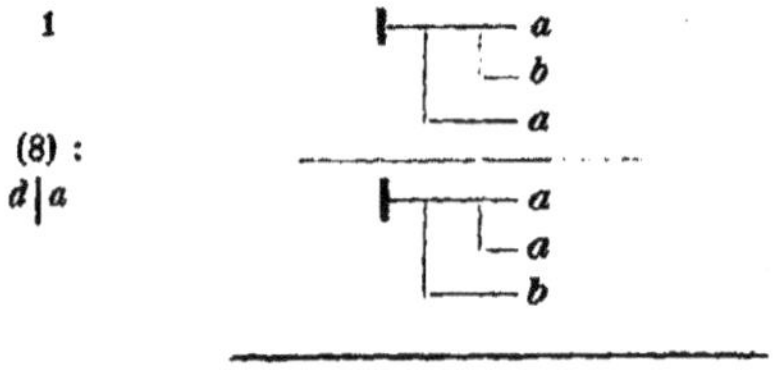

26

(1) : :

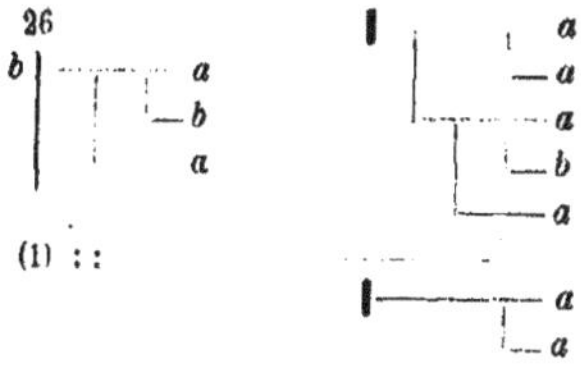

(27.

Man kann nicht (zugleich) *a* bejahen und *a* verneinen

§ 17.

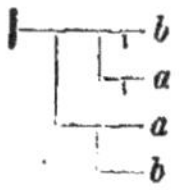

(28.

bedeutet: „der Fall, wo  *b* verneint und 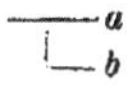 *a* bejaht wird, findet nicht statt". Die Verneinung von 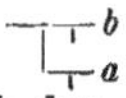 bedeutet, dass  *a* bejaht und  *b* verneint wird; d. h. dass *a* verneint und *b* bejaht wird. Dieser Fall wird durch  ausgeschlossen. Dieses Urtheil begründet den Uebergang vom *modus ponens* zum *modus tollens*. Es bedeute z. B.

b den Satz, dass der Mensch M lebe;

a den Satz, dass M athme.

Dann haben wir das Urtheil:

„wenn aus dem Umstande, dass M lebt, sein Athmen geschlossen werden kann, so kann aus dem Umstande, dass er nicht athmet, sein Tod geschlossen werden."

28

(5) :

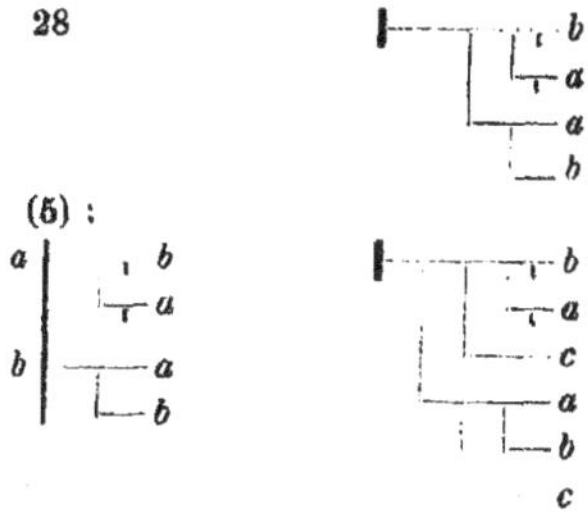

(29.

Wenn b und c hinreichende Bedingungen für a sind, so kann aus der Verneinung von a und der Bejahung der einen Bedingung (c) die Verneinung der andern Bedingung geschlossen werden.

29

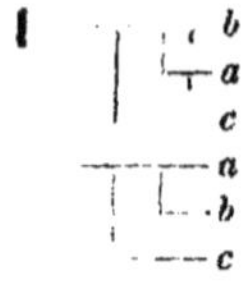

(10) :

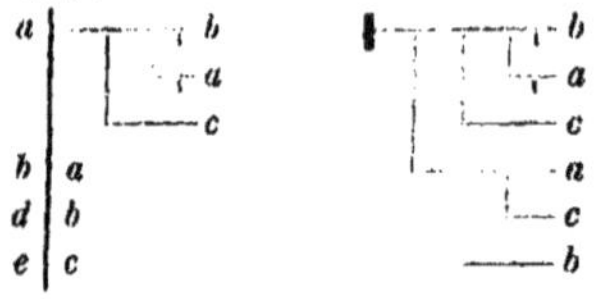

(30.

§ 18.

(31.

$\overline{}_{\overline{n}}\,a$ bedeutet die Verneinung der Verneinung, mithin die Bejahung von a. Es kann also nicht a verneint und (zugleich) $\overline{}_{\overline{n}}\,a$ bejaht werden. *Duplex negatio affirmat.* Die Verneinung der Verneinung ist Bejahung.

31

$a \mid b$

(7) :

$a \mid b$
$b \mid \overline{}_{\overline{n}}\,b$
$c \mid \overline{}\,a$
$d \mid$

(32.

(28) : :

$b \mid \overline{}\,b$

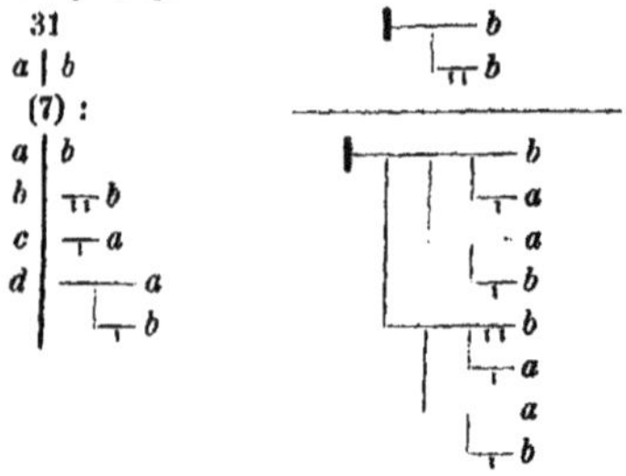

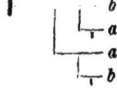

(33.

Wenn *a* oder *b* stattfindet, so findet *b* oder *a* statt.

33

(5) :

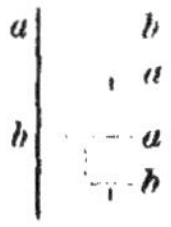

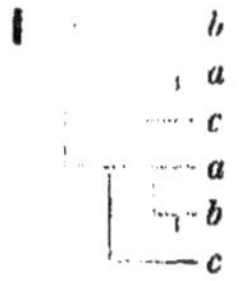

(34.

Wenn das Eintreten des Umstandes *c* beim Wegfall des Hinderungsgrundes *b* das Stattfinden von *a* zur Folge hat, so kann aus dem Nichtstattfinden von *a* beim Eintreten von *c* auf das Eintreten des Hinderungsgrundes *b* geschlossen werden.

34

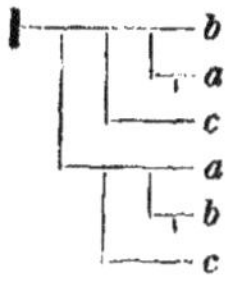

(12) :

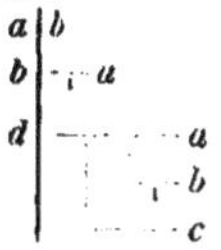

(35.

1

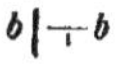

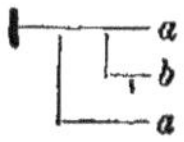

(34) :

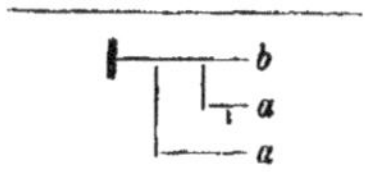

(36.

Der Fall, wo *b* verneint, *a* bejaht und *a* bejaht wird, tritt nicht ein. Man kann dies so aussprechen: „wenn *a* eintritt, so findet eins von beiden, *a* oder *b*, statt.“

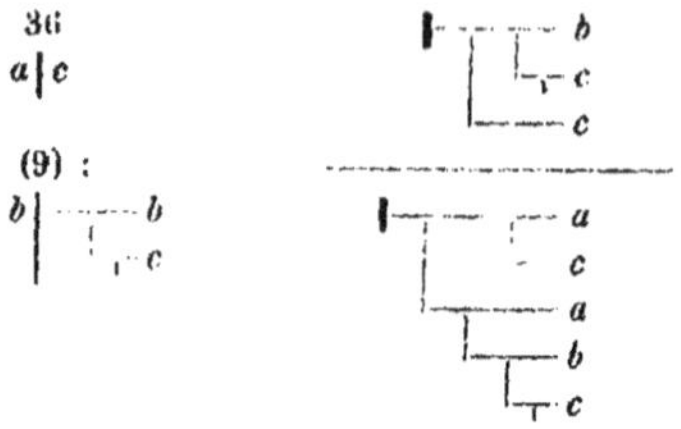

(37.

Wenn *a* die nothwendige Folge davon ist, dass *b* oder *c* eintritt, so ist *a* die nothwendige Folge von *c* allein. Es bedeute z. B.

b den Umstand, dass der erste Factor eines Products P 0 wird;

c den Umstand, dass der zweite Factor von P 0 wird;

a den Umstand, dass das Product P 0 wird.

Dann haben wir das Urtheil:

„wenn das Product P 0 wird, falls der erste oder der zweite Factor 0 wird, so kann aus dem Verschwinden des zweiten Factors das Verschwinden des Productes geschlossen werden.“

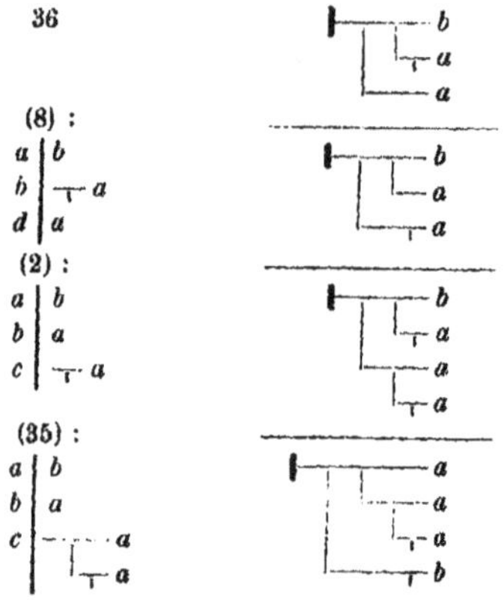

(38.

(39.

(40.

§ 19.

(41.

Die Bejahung von *a* verneint die Verneinung von *a*.

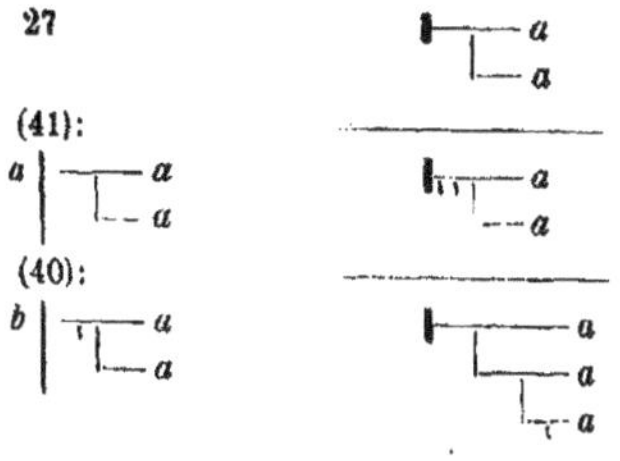

(42.

(43.

Wenn nur die Wahl zwischen *a* und *a* ist, so findet *a* statt. Man hat z. B. zwei Fälle zu unterscheiden, welche die ganze Möglichkeit erschöpfen. Indem man den ersten verfolgt, gelangt man zu dem Ergebnisse, dass *a* stattfindet; desgleichen, wenn man den zweiten verfolgt. Dann gilt der Satz *a*.

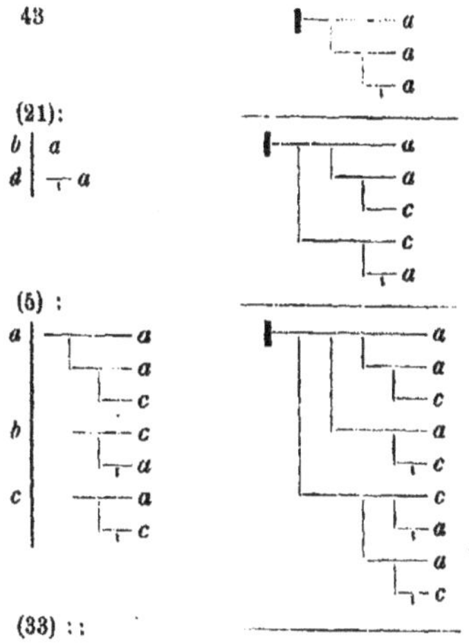

(44

(45.

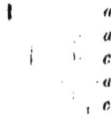

(46.

Wenn a gilt, sowohl falls c eintritt, als auch falls c nicht eintritt, so gilt a. Ein anderer Ausdruck ist: „wenn a oder c eintritt, und wenn das Eintreten von c a zur nothwendigen Folge hat, so findet a statt."

46

(21) :

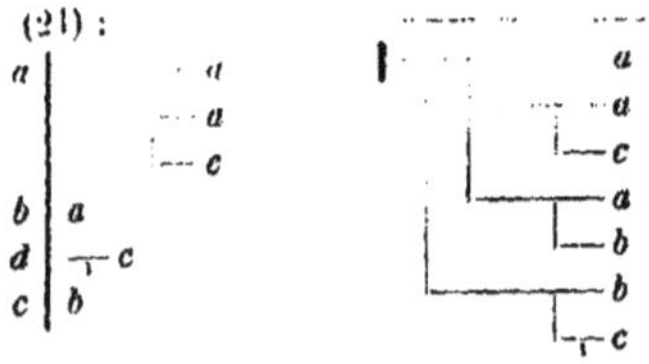

(47.

Man kann diesen Satz so aussprechen: „wenn sowohl c als auch b eine hinreichende Bedingung für a ist, und wenn b oder c stattfindet, so gilt der Satz a." Dieses Urtheil wird angewendet, wo bei einem Beweise zwei Fälle zu unterscheiden sind. Wo mehre Fälle vorkommen, kann man immer auf zwei zurückgehen, indem man einen von den Fällen als den ersten, die Gesammtheit der übrigen als den zweiten Fall ansieht. Den letzteren kann man wieder in zwei Fälle zerlegen und hiermit so lange fortfahren, als noch Zerlegungen möglich sind.

47

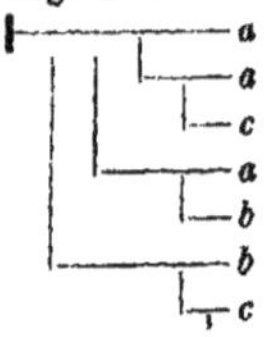

(23) :

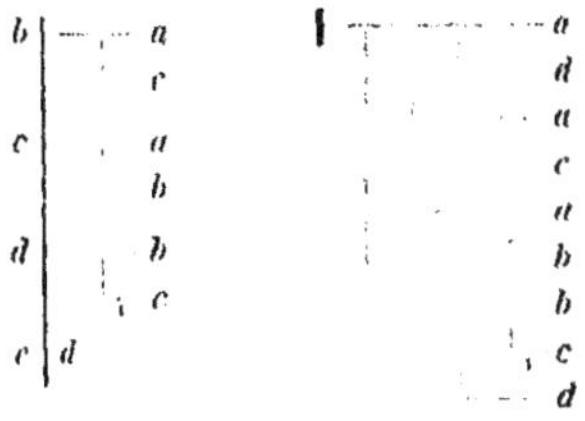

(48.

Wenn *d* eine hinreichende Bedingung dafür ist, dass *b* oder *c* stattfindet, und wenn sowohl *b* als auch *c* eine hinreichende Bedingung für *a* ist, so ist *d* eine hinreichende Bedingung für *a*. Ein Beispiel der Anwendung bietet die Ableitung von Formel (101).

47

(12):

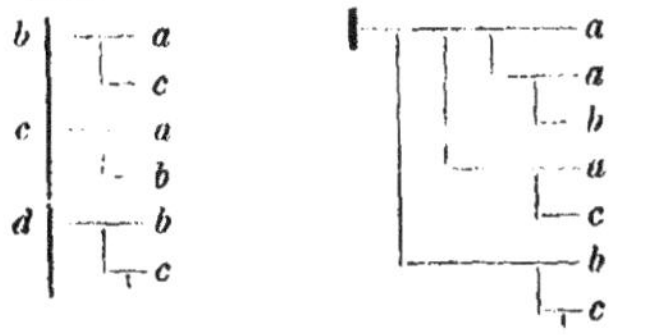

(49.

(17):

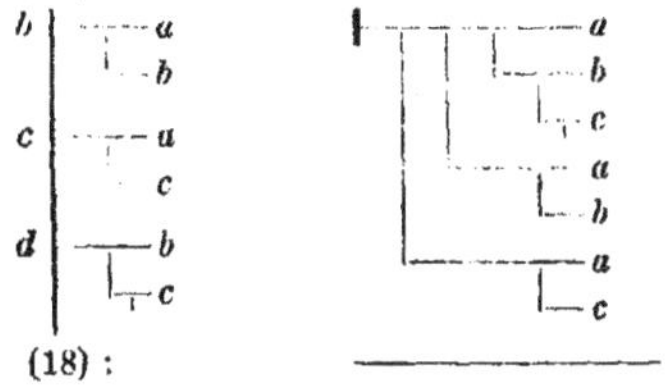

(50.

(18):

(51.

§ 20.

$$\vdash \begin{array}{l} f(d) \\ f(c) \\ (c \equiv d) \end{array}$$

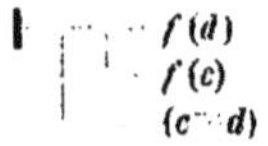

(52.

Der Fall, wo der Inhalt von c gleich dem Inhalt von d ist, wo $f(c)$ bejaht und $f(d)$ verneint wird, findet nicht statt. Dieser Satz drückt aus, dass man überall statt c d setzen könne, wenn $c \equiv d$ ist. In $f(c)$ kann c auch an andern als den Argumentsstellen vorkommen. Daher kann c auch noch in $f(d)$ enthalten sein.

52

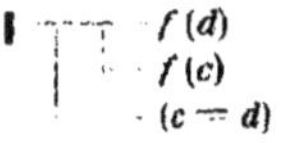

$$\vdash \begin{array}{l} f(d) \\ f(c) \\ (c \equiv d) \end{array}$$

(8) :

$$a \mid f(d) \\ b \mid f(c) \\ d \mid (c \quad d)$$

$$\vdash \begin{array}{l} f(d) \\ (c \quad d) \\ f(c) \end{array}$$

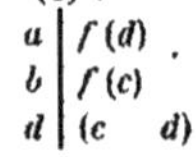

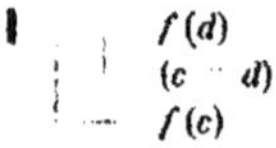

(53.

§ 21.

$$\vdash (c \equiv c) .$$

(54.

Der Inhalt von c ist gleich dem Inhalte von c.

54

(53) :

$$f(A) \mid (A \equiv c)$$

$$\vdash \begin{array}{l} (d \equiv c) \\ (c \equiv d) \end{array}$$

(55.

(9) :

$$b \mid (d \equiv c) \\ c \mid (c \equiv d) \\ a \mid \quad f(c) \\ \quad f(d)$$

$$\vdash \begin{array}{l} f(c) \\ f(d) \\ (c \equiv d) \\ f(c) \\ f(d) \\ (d \equiv c) \end{array}$$

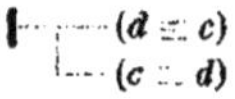

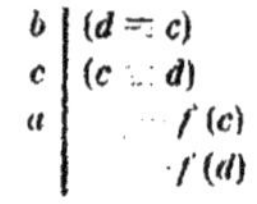

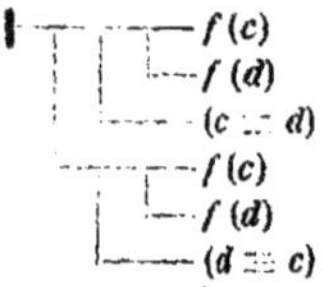

(56.

(52) : :

$$\begin{array}{c|c} d & c \\ c & d \end{array} \qquad \vdash \begin{array}{l} - f(c) \\ - f(d) \\ - (c \equiv d). \end{array} \qquad (57.$$

§ 22.

$$\vdash \begin{array}{l} - f(c) \\ \underset{a}{} f(a) \end{array} \qquad (58.$$

$\underset{a}{} f(a)$ bedeutet, dass $f(a)$ stattfinde, was man auch unter a verstehen möge. Wenn daher $\underset{a}{} f(a)$ bejaht wird, so kann $f(c)$ nicht verneint werden. Dies drückt unser Satz aus. a kann hier nur an den Argumentstellen von f vorkommen, weil diese Function auch ausserhalb des Gebietes von a im Urtheile vorkommt.

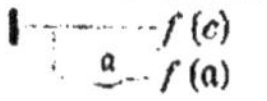

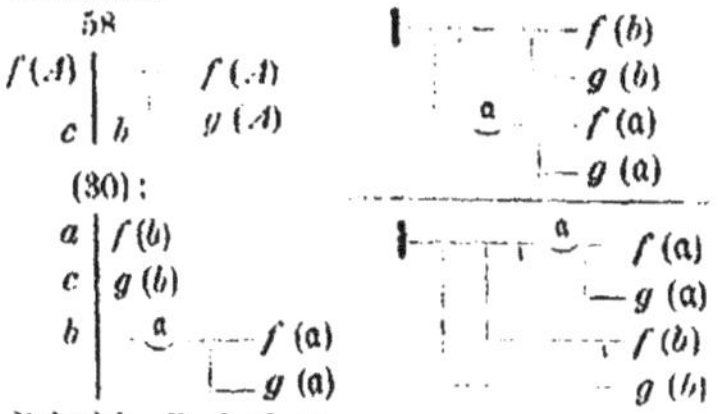

$$\begin{array}{c|c} & 58 \\ f(A) & f(A) \\ c & b \quad g(A) \end{array} \qquad \vdash \begin{array}{l} - f(b) \\ - g(b) \\ \underset{a}{} f(a) \\ - g(a) \end{array}$$

$$\begin{array}{c} (30): \\ a \mid f(b) \\ c \mid g(b) \\ b \mid \underset{a}{} - f(a) \\ \mid - g(a) \end{array} \qquad \vdash \begin{array}{l} \underset{a}{} f(a) \\ - g(a) \\ - f(b) \\ - g(b) \end{array} \qquad (59.$$

Beispiel. Es bedeute

b einen Vogel Strauss, nämlich ein einzelnes zu dieser Art gehörendes Thier;

$g(A)$ „A ist ein Vogel";

$f(A)$ „A kann fliegen".

Dann haben wir das Urtheil:

„wenn dieser Strauss ein Vogel ist und nicht fliegen kann, so ist daraus zu schliessen, dass einige Vögel *) nicht fliegen können."

Man sieht, wie dieses Urtheil eine Schlussart ersetzt, nämlich Felapton oder Fesapo, zwischen denen hier kein Unterschied gemacht wird, weil die Hervorhebung eines Subjects wegfällt.

$$\begin{array}{c|c} & 58 \\ f(A) & f(A) \\ & g(A) \\ & h(A) \\ c & b \\ (12): \end{array} \qquad \vdash \begin{array}{l} - f(b) \\ - g(b) \\ - h(b) \\ \underset{a}{} f(a) \\ - g(a) \\ - h(a) \end{array}$$

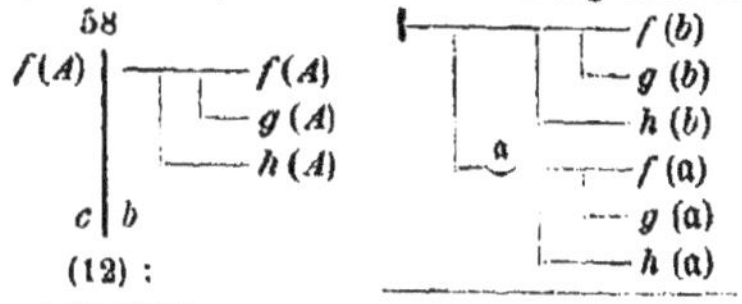

*) § 12, 2. Anm.

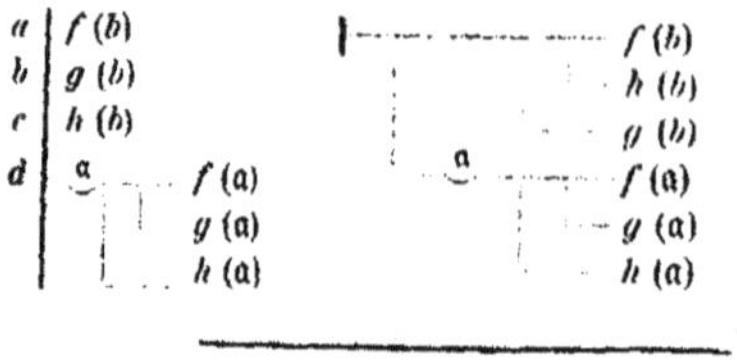

$$
\begin{array}{l|l}
a & f(b) \\
b & g(b) \\
c & h(b) \\
d & \underset{\sim}{a} \quad f(a) \\
& \quad\quad g(a) \\
& \quad\quad h(a)
\end{array}
\qquad
\begin{array}{l}
f(b) \\
h(b) \\
g(b) \\
\underset{\sim}{a}\quad f(a) \\
\quad g(a) \\
\quad h(a)
\end{array}
\qquad (60).
$$

$$
58
\qquad
\begin{array}{l}
\underset{\sim}{a}\; f(c) \\
\quad f(a)
\end{array}
$$

$$
(9):
$$

$$
\begin{array}{l|l}
b & f(c) \\
c & \underset{\sim}{a}\quad f(a)
\end{array}
\qquad
\begin{array}{l}
a \\
\underset{\sim}{a}\quad f(a) \\
a \\
f(c)
\end{array}
\qquad (61.
$$

$$
58
\qquad
\begin{array}{l}
f(x) \\
g(x) \\
\underset{\sim}{a}\quad f(a) \\
\quad g(a)
\end{array}
$$

$$
\begin{array}{l|l}
f(A) & f(A) \\
& g(A) \\
c & x
\end{array}
$$

$$
(8):
$$

$$
\begin{array}{l|l}
a & f(x) \\
b & g(x) \\
d & \underset{\sim}{a}\; f(a) \\
& \quad g(a)
\end{array}
\qquad
\begin{array}{l}
f(x) \\
\underset{\sim}{a}\; f(a) \\
g(a) \\
g(x)
\end{array}
\qquad 162.
$$

Dieses Urtheil ersetzt die Schlussweise Barbara in dem Falle, dass der Untersatz (g (x)) einen besondern Inhalt hat.

$$
62
\qquad
\begin{array}{l}
f(x) \\
\underset{\sim}{a}\; f(a) \\
g(a) \\
g(x)
\end{array}
$$

$$
(24):
$$

$$
\begin{array}{l|l}
a & f(x) \\
& \underset{\sim}{a}\; f(a) \\
& g(a) \\
c & g(x) \\
b & m
\end{array}
\qquad
\begin{array}{l}
f(x) \\
\underset{\sim}{a}\; f(a) \\
g(a) \\
m \\
g(x)
\end{array}
$$

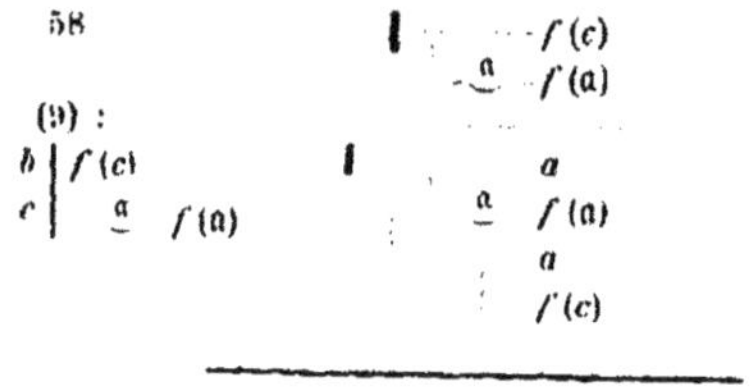

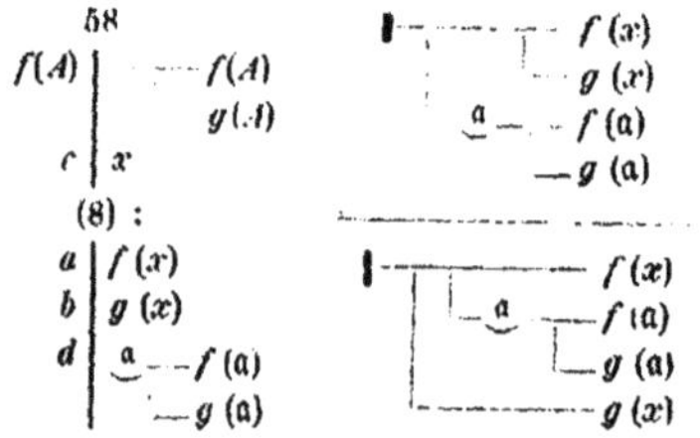

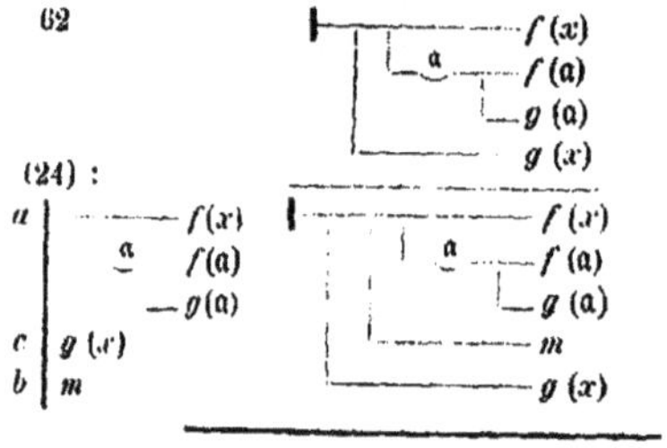

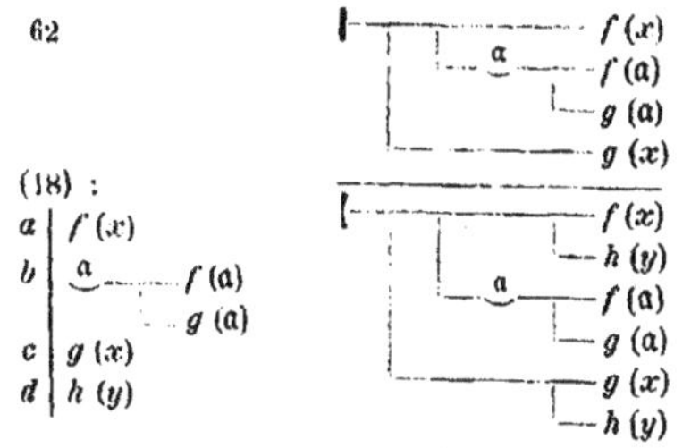

(64.

(18) :

a │ f (x)
b │ a ──── f (a)
      └ g (a)
c │ g (x)
d │ h (y)

63

y │ x

(61) :

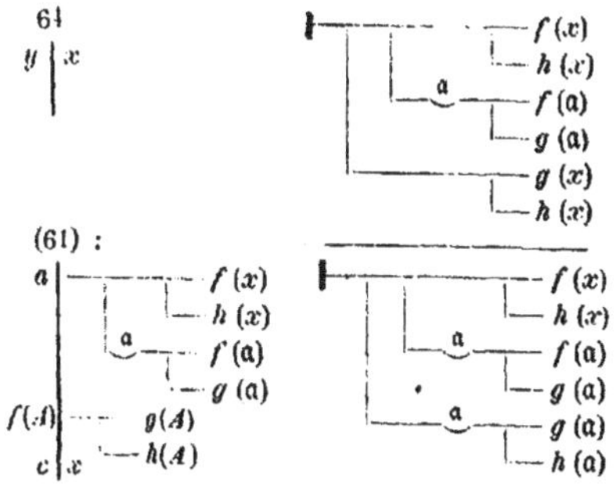

(65.

Hier kommt a in zwei Gebieten vor, ohne dass dies eine besondere Beziehung andeutete. In dem einen Gebiete könnte man
statt a auch etwa e schreiben. Dieses Urtheil ersetzt die Schlussweise Barbara für den Fall, dass der Untersatz   a ─── g (a)
                                   └ h (a)
einen allgemeinen Inhalt hat. Der Leser, der sich in die Ab-
leitungsart der Begriffsschrift hineingedacht hat, wird im Stande
sein, auch die Urtheile herzuleiten, welche den andern Schlussweisen entsprechen. Hier mögen diese als Beispiele genügen.

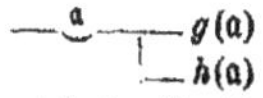

65

$$f(x)$$
$$h(x)$$
$$\underline{a} \quad f(a)$$
$$g(a)$$
$$\underline{a} \quad g(a)$$
$$h(a)$$

(8):

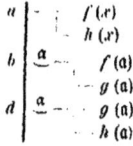

a | $f(x)$
$h(x)$
b | $\underline{a} \quad f(a)$
$g(a)$
d | $\underline{a} \quad g(a)$
$h(a)$

$$f(x)$$
$$h(x)$$
$$\underline{a} \quad g(a)$$
$$h(a)$$
$$\underline{a} \quad f(a)$$
$$g(a)$$

(66.

58

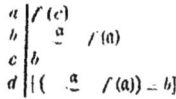

$$f(c)$$
$$\underline{a} \quad f(a)$$

(7):

a | $f(c)$
b | $\underline{a} \quad f(a)$
c | b
d | $[(\quad \underline{a} \quad f(a)) = b]$

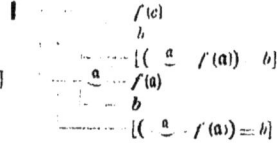

$$f(c)$$
$$h$$
$$[(\quad \underline{a} \quad f(a)) \quad b]$$
$$\underline{a} \quad f(a)$$
$$b$$
$$[(\quad \underline{a} \quad f(a)) = b]$$

(67.

(57) ::

$f(A)$ | A
c | $\underline{a} \quad f(a)$
d | b

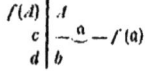
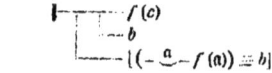

$$f(c)$$
$$b$$
$$[(- \underline{a} - f(a)) = b]$$

(68.

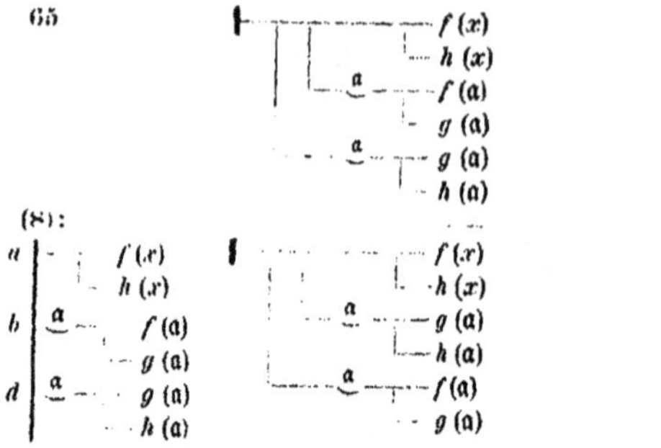

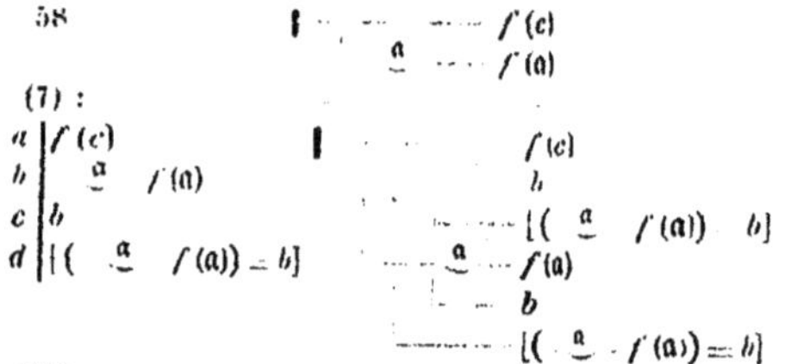

III. Einiges aus einer allgemeinen Reihenlehre.

§ 23. Die folgenden Ableitungen sollen eine allgemeine Vorstellung von der Handhabung dieser Begriffsschrift geben, wenn
sie auch vielleicht nicht hinreichen, deren Nutzen ganz erkennen
zu lassen. Dieser würde erst bei verwickelteren Sätzen deutlich
hervortreten. Ausserdem sieht man an diesem Beispiele, wie das
von jedem durch die Sinne oder selbst durch eine Anschauung
a priori gegebenen Inhalte absehende reine Denken allein aus dem
Inhalte, welcher seiner eigenen Beschaffenheit entspringt, Urtheile
hervorzubringen vermag, die auf den ersten Blick nur auf Grund
irgendeiner Anschauung möglich zu sein scheinen. Man kann dies
mit der Verdichtung vergleichen, mittels deren es gelungen ist,
die dem kindlichen Bewusstsein als Nichts erscheinende Luft in
eine sichtbare tropfenbildende Flüssigkeit zu verwandeln. Die im
Folgenden entwickelten Sätze über Reihen übertreffen an Allgemeinheit beiweitem alle ähnlichen, welche aus irgendeiner Anschauung von Reihen abgeleitet werden können. Wenn man es
daher für angemessener halten möchte, eine anschauliche Vorstellung von Reihe zu Grunde zu legen, so vergesse man nicht,
dass die so gewonnenen Sätze, welche etwa gleichen Wortlaut mit
den hier gegebenen hätten, doch lange nicht ebensoviel als diese
besagen würden, weil sie nur in dem Gebiete eben der Anschauung Giltigkeit hätten, auf welche sie gegründet wären.

$$\text{§ 24.} \quad \Vdash \left(\left(\begin{array}{ccc} \underline{\ \ \mathfrak{b}\ \ }\ \underline{\ \ a\ \ } & & F(a) \\ \vdots & \!\!\!\!\!\!\!\sqcup & f(\mathfrak{b}, a) \\ \vdots & & F(\mathfrak{b}) \end{array} \right| \equiv \begin{array}{c} \delta \\ \alpha \end{array} \!\!\! \Big(\!\! \begin{array}{c} F(\alpha) \\ f(\delta,\ \alpha) \end{array} \right) \qquad (69.$$

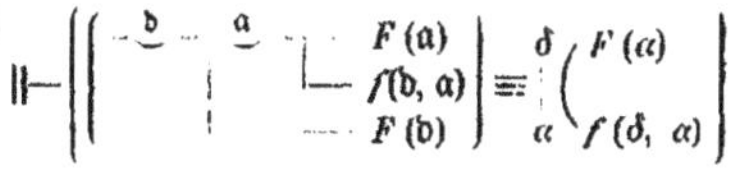

Dieser Satz unterscheidet sich von den bisher betrachteten Urtheilen dadurch, dass Zeichen darin vorkommen, die vorher nicht erklärt worden sind; er giebt selber diese Erklärung. Er sagt nicht: „die rechte Seite der Gleichung hat denselben Inhalt wie die linke"; sondern: „sie soll denselben Inhalt haben". Dieser Satz ist daher kein Urtheil und folglich auch *kein synthetisches Urtheil*, um mich des kantischen Ausdrucks zu bedienen. Ich bemerke dies, weil Kant alle Urtheile der Mathematik für synthetische hält. Wäre nun (69) ein synthetisches Urtheil, so wären es auch die daraus abgeleiteten Sätze. Man kann aber die durch diesen Satz eingeführten Bezeichnungen und daher ihn selbst als ihre Erklärung entbehren: nichts folgt aus ihm, was nicht auch ohne ihn erschlossen werden könnte. Solche Erklärungen haben nur den Zweck, durch Festsetzung einer Abkürzung eine äusserliche Erleichterung herbeizuführen. Ausserdem dienen sie dazu eine besondere Verbindung von Zeichen aus der Fülle der möglichen hervorzuheben, um daran einen festern Anhalt für die Vorstellung zu gewinnen. Wenn nun auch die genannte Erleichterung bei der geringen Zahl der hier aufgeführten Urtheile kaum merklich ist, so habe ich doch des Beispiels wegen diese Formel aufgenommen.

Obgleich (69) ursprünglich kein Urtheil ist, so verwandelt es sich doch sofort in ein solches; denn nachdem die Bedeutung der neuen Zeichen einmal festgesetzt ist, so gilt sie nunmehr, und es gilt daher auch Formel (69) als Urtheil, aber als analytisches, weil es, was in die neuen Zeichen hineingelegt war, nur wieder hervortreten lässt. Diese Doppelseitigkeit der Formel ist durch die Verdoppelung des Urtheilsstrichs angedeutet. In Bezug auf die folgenden Ableitungen kann also (69) als gewöhnliches Urtheil behandelt werden.

Die kleinen griechischen Buchstaben, die hier zuerst vorkommen, vertreten keinen selbständigen Inhalt, wie die deutschen und lateinischen. Bei ihnen ist nur die Gleichheit und Verschiedenheit zu beachten, sodass man an die Stellen von α und δ beliebige andere kleine griechische Buchstaben setzen kann, wenn nur die Stellen, die vorher von gleichen Buchstaben eingenommen waren, auch wieder von gleichen eingenommen werden, und wenn verschiedene Buchstaben nicht durch gleiche ersetzt werden. *Diese Gleichheit oder Verschiedenheit der griechischen Buchstaben hat aber nur innerhalb der Formel Bedeutung, für die sie wie hier für*

$$\begin{matrix}\delta\\ |\\ \alpha\end{matrix}\left(\begin{matrix}F(\alpha)\\ \\ f(\delta,\alpha)\end{matrix}\right.$$

besonders eingeführt worden sind. Sie dienen dem Zwecke, dass aus der abgekürzten Form

$$\begin{matrix}\delta\\ |\\ \alpha\end{matrix}\left(\begin{matrix}F(\alpha)\\ \\ f(\delta,\alpha)\end{matrix}\right.$$

jederzeit die ausführliche

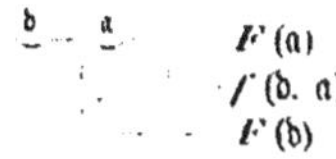

unzweideutig wiederhergestellt werden könne. Es bedeutet z. B.

$$\begin{matrix}\alpha\\ |\\ \delta\end{matrix}\left(\begin{matrix}F(\delta)\\ \\ f(\delta,\alpha)\end{matrix}\right.$$

den Ausdruck

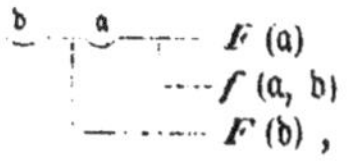

während

$$\begin{matrix}\alpha\\ |\\ \delta\end{matrix}\left(\begin{matrix}F(\alpha)\\ \\ f(\delta,\alpha)\end{matrix}\right.$$

keinen Sinn hat. Man sieht, dass der ausführliche Ausdruck, wie verwickelt auch die Functionen F und f sein mögen, immer mit Sicherheit wiedergefunden werden kann, abgesehen von der gleichgiltigen Wahl der deutschen Buchstaben. Es kann

$$\vdash f(\Gamma, \Delta)$$

durch „Δ ist Ergebnis einer Anwendung des Verfahrens f auf Γ", oder durch „Γ ist der Gegenstand einer Anwendung des Verfahrens f, deren Ergebnis Δ ist", oder durch „Δ steht in der f-Beziehung zu Γ", oder durch „Γ steht in der umgekehrten f-Beziehung zu Δ" wiedergegeben werden, welche Ausdrücke als gleichbedeutend gelten sollen.

$$\delta \left(\begin{array}{l} F\,(\alpha) \\[4pt] f\,(\delta,\,\alpha) \end{array} \right.$$

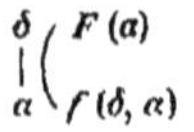

mag übersetzt werden: „der Umstand, dass die Eigenschaft F sich
in der f-Reihe vererbt." Diesen Ausdruck kann vielleicht folgendes Beispiel annehmbar machen. Es bedeute

$A\,(M, N)$ den Umstand, dass N ein Kind von M ist;

$\Sigma\,(P)$ den Umstand, dass P ein Mensch ist. Dann ist

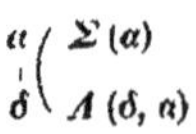

$$\alpha \left(\begin{array}{l} \Sigma\,(\alpha) \\[4pt] A\,(\delta,\,\alpha) \end{array} \right. \qquad \text{oder} \qquad \begin{array}{l} b - a \cdots \Sigma\,(a) \\ A\,(d,\,a) \\ \cdots \Sigma\,(b) \end{array}$$

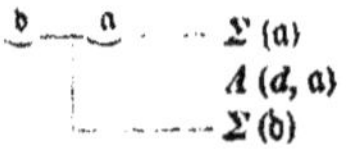

der Umstand, dass jedes Kind eines Menschen wieder ein Mensch
ist, oder dass die Eigenschaft, Mensch zu sein, sich vererbt. Man
sieht übrigens, dass die Wiedergabe in Worten schwierig und
selbst unmöglich werden kann, wenn an die Stellen von F und
f sehr verwickelte Functionen treten. In Worten würde demnach
der Satz (69) so ausgedrückt werden können:

„Wenn aus dem Satze, dass b *die Eigenschaft F hat, allgemein, was auch* b *sein mag, geschlossen werden kann, dass
jedes Ergebnis einer Anwendung des Verfahrens f auf* b *die
Eigenschaft F habe,*

so sage ich:

„ *„die Eigenschaft F vererbt sich in der f - Reihe."* "

§ 25.
69

$$\vdash \left| \left(\begin{array}{l} b - a \cdots F\,(a) \\ f\,(b,\,a) \\ F\,(b) \end{array} \right) - \delta \left(\begin{array}{l} F\,(\alpha) \\ f\,(\delta,\,\alpha) \end{array} \right. \right|$$

(68) :

$f\,(\Gamma)$ $\begin{array}{c} a \mid b \\ \\ b \\ \\ c \mid x \end{array}$

$$\begin{array}{l} a \cdots F\,(a) \\ f\,(\Gamma, a) \\ F\,(\Gamma) \end{array} \qquad \vdash - a \cdots \begin{array}{l} F\,(a) \\ f\,(x,\,a) \\ F\,(x) \end{array}$$

$$\delta \left(\begin{array}{l} F\,(\alpha) \\ f\,(\delta,\,\alpha) \end{array} \right. \qquad\qquad \alpha \left(\begin{array}{l} F\,(\alpha) \\ f\,(\delta,\,\alpha) \end{array} \right. \qquad (70.$$

(19) :

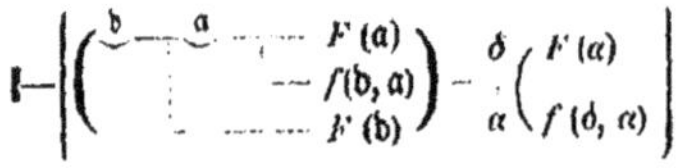

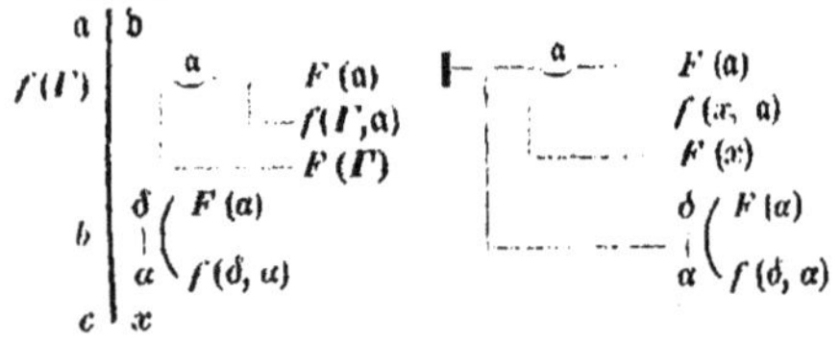

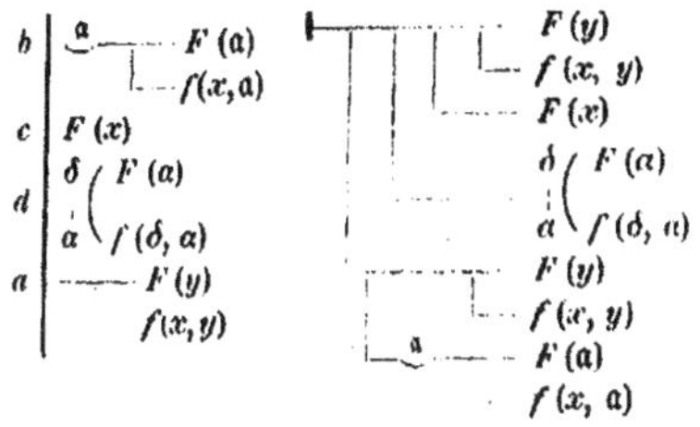

b | $\underset{}{a}$ —— $F(a)$ $F(y)$

 | $f(x,a)$ $f(x, y)$

c | $F(x)$ $F(x)$

d | $\delta \Big(\begin{array}{l} F(a) \\ f(\delta, a) \end{array}$ $\delta \Big(\begin{array}{l} F(a) \\ f(\delta, a) \end{array}$

a | —— $F(y)$ $F(y)$

 | $ f(x,y)$ $f(x, y)$

                    a —— $F(a)$

                      $f(x, a)$ (71.

(58) : :

$f(\Gamma)$ | $F(\Gamma)$ $F(y)$

 | $f(x, \Gamma)$ $f(x, y)$

c | y $F(x)$

                    $\delta \Big(\begin{array}{l} F(a) \\ f(\delta, a) \end{array}$ (72.

Wenn die Eigenschaft F sich in der f-Reihe vererbt; wenn x die Eigenschaft F hat und y Ergebnis einer Anwendung des Verfahrens f auf x ist: so hat y die Eigenschaft F.

72                $F(y)$

                     $f(x, y)$

                     $F(x)$

                     $\delta \Big(\begin{array}{l} F(a) \\ f(\delta, a) \end{array}$

(2) :

a | $F(y)$ $F(y)$

 | $f(x,y)$ $f(x, y)$

b | $F(x)$ $\delta \Big(\begin{array}{l} F(a) \\ f(\delta, a) \end{array}$

c | $\delta \Big(\begin{array}{l} F(a) \\ f(\delta, a) \end{array}$

                    $F(x)$

                    $\delta \Big(\begin{array}{l} F(a) \\ f(\delta, a) \end{array}$ (73.

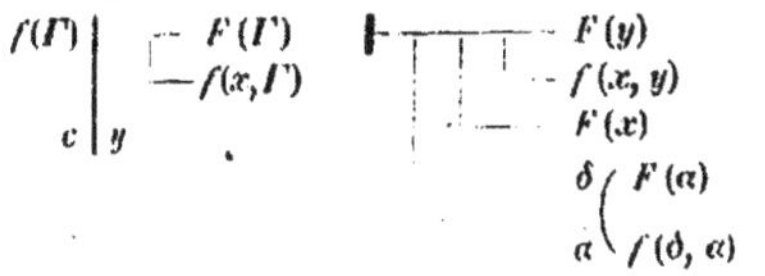

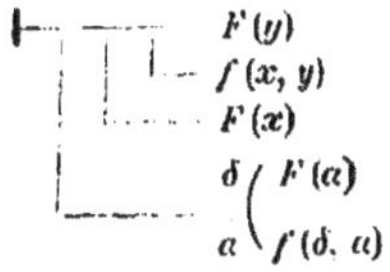

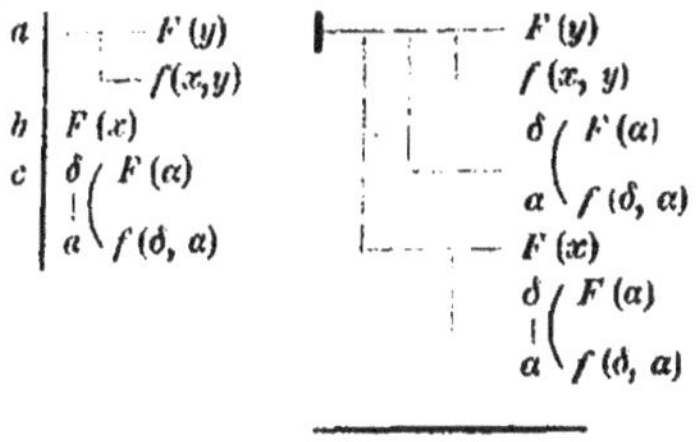

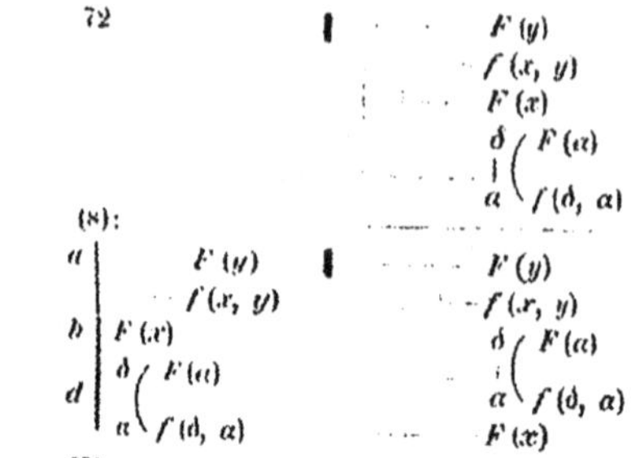

(74.

Wenn x eine Eigenschaft F hat, die sich in der f-Reihe vererbt, so hat jedes Ergebnis einer Anwendung des Verfahrens f auf x die Eigenschaft F.

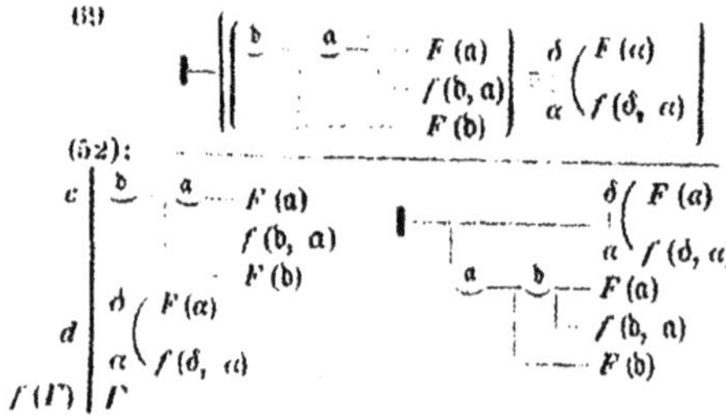

(75.

Wenn aus dem Satze, dass 𝔡 die Eigenschaft F hat, was auch 𝔡 sein mag, geschlossen werden kann, dass jedes Ergebnis einer Anwendung des Verfahrens f auf 𝔡 die Eigenschaft F habe, so vererbt sich die Eigenschaft F in der f-Reihe.

§ 26.

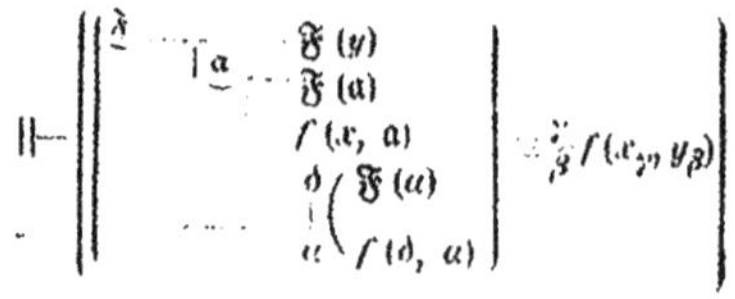

(76.

Dies ist die Erklärung der rechts stehenden Zeichenverbindung

${}^{\gamma}_{\beta} f(x_\gamma, y_\beta)$. In Betreff der Verdoppelung des Urtheilsstriches und der griechischen Buchstaben verweise ich auf § 24. Es ginge nicht an, statt des oben stehenden Ausdrucks einfach

$${}^{x}_{y} f(x, y)$$

zu schreiben, weil bei einer ausführlich hingeschriebenen Function von x und y diese Buchstaben auch noch ausserhalb der Argumentsstellen vorkommen könnten, wobei dann nicht zu ersehen wäre, welche Stellen als Argumentsstellen anzusehen wären. Die Letzteren müssen also als solche gekennzeichnet werden. Dies geschieht hier durch die Indices γ und β. Man muss diese verschieden wählen in Anbetracht des Falles, dass die beiden Argumente einander gleich wären. Wir nehmen griechische Buchstaben hierzu, damit wir eine gewisse Auswahl haben, um für den Fall, dass

$${}^{\gamma}_{\beta} f(x_\gamma, y_\beta)$$

einen ähnlich gebauten Ausdruck in sich schlösse, die Bezeichnung der Argumentsstellen des eingeschlossenen Ausdrucks von denen des einschliessenden verschieden wählen zu können. *Die Gleichheit und Verschiedenheit der griechischen Buchstaben hat hier nur Bedeutung innerhalb des Ausdruckes*

$${}^{\gamma}_{\beta} f(x_\gamma, y_\beta)\,;$$

ausserhalb können dieselben vorkommen, ohne dass hierdurch irgendeine Beziehung zu diesen angedeutet würde.

Wir übersetzen

$${}^{\gamma}_{\beta} f(x_\gamma, y_\beta)$$

durch „y folgt in der f-Reihe auf x“, eine Ausdrucksweise, die freilich nur möglich ist, solange die Function f bestimmt ist. In Worten wird demnach (76) etwa so ausgesprochen werden können:

Wenn aus den beiden Sätzen, dass jedes Ergebnis einer Anwendung des Verfahrens f auf x die Eigenschaft F habe, und dass die Eigenschaft F sich in der f-Reihe vererbe, was auch F sein mag, geschlossen werden kann, dass y die Eigenschaft F habe,

so sage ich:

„y folgt in der f-Reihe auf x“: oder: „x geht in der f-Reihe dem y vorher“. *)

§ 27.

76

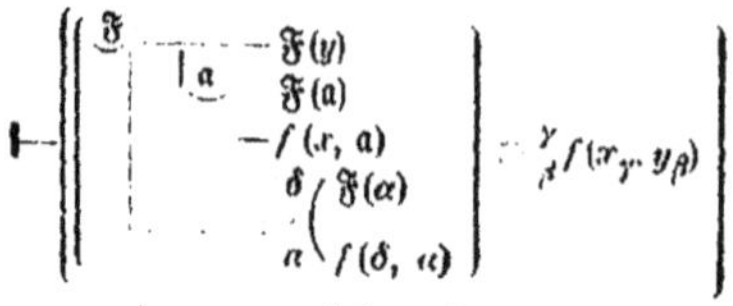

(68) :

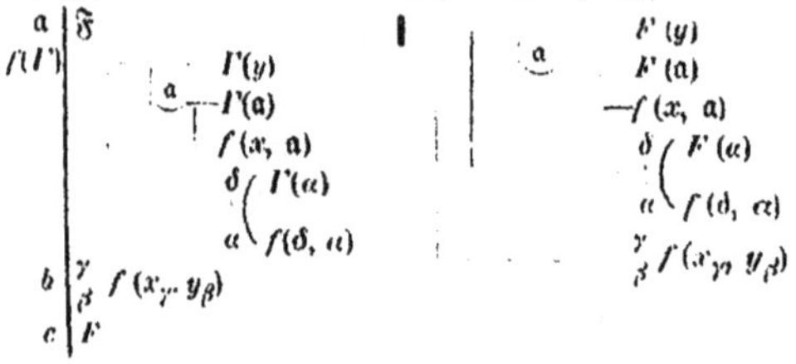

(77.

Hier sind nach § 10 $F(y)$, $F(\mathfrak{a})$, $F(\alpha)$ als verschiedene Functionen des Arguments F anzusehen. (77) bedeutet:

Wenn y in der f-Reihe auf x folgt: wenn die Eigenschaft F sich in der f-Reihe vererbt: wenn jedes Ergebnis einer Anwendung des Verfahrens f auf x die Eigenschaft F hat: so hat y die Eigenschaft F.

77

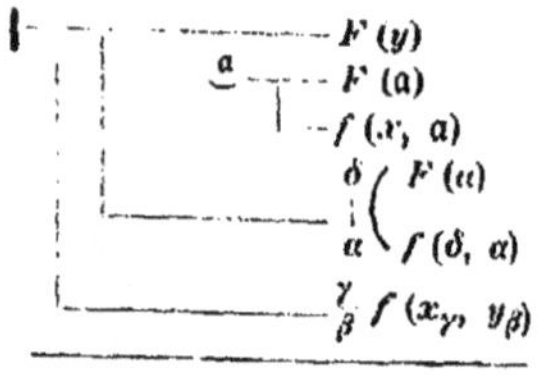

(17) :

*) Um die Allgemeinheit des hierdurch gegebenen Begriffs des Aufeinanderfolgens in einer Reihe deutlicher zu machen, erinnere ich an einige Möglichkeiten. Es ist hierunter nicht nur eine solche Aneinanderreihung begriffen, wie die Perlen auf einer Schnur zeigen, sondern auch eine Verzweigung wie beim Stammbaum, eine Vereinigung mehrer Zweige, sowie ein ringartiges Insichzurücklaufen.

```
a │ F(y)
b │  a ──── F'(a)                          ▌────────────── F(y)
  │           f(x, a)                       │    └─── γ/β f(x_γ, y_β)
c │  δ⎛ F(a)                                │ ─── a ─── F(a)
  │  α⎝ f(δ, a)                             │       ─── f(x, a)
d │  γ/β f(x_γ, y_β)                        │       ─ δ⎛ F(a)
(2):                                        │         α⎝ f(δ, a)      (78.
```

```
a │      F(y)                              ▌ ───── F(y)
  │       γ/β f(x_γ, y_β)                   │   ─── γ/β f(x_γ, y_β)
  │                                         │    δ⎛ F(a)
b │  a     F(a)                             │    │α⎝ f(δ, a)
  │         f(x,a)                          │ ─ a   F(a)
c │  δ⎛ F(y)                                │       f(x, a)
  │  │α⎝ f(δ, a)                            │     δ⎛ F(a)
(5):                                        │     α⎝ f(δ, a)      (79.
```

```
a │      F(y)                              ▌ ── F(y)
  │       γ/β f(x_γ, y_β)                   │    γ/β f(x_γ, y_β)
  │       δ⎛ F(a)                           │    δ⎛ F(a)
  │       α⎝ f(δ, a)                        │    α⎝ f(δ, a)
b │  a ─── F(a)                             │ ─ a ─ F(x)
  │       f(x, a)                           │    F(a)
  │     δ⎛ F(a)                             │    f(x, a)
  │     α⎝ f(δ, a)                          │   δ⎛ F(a)
c │ F(x)                                    │   α⎝ f(δ, a)
(74):                                       └──── F(x)           (80.
y │ a
```

```
                                           ▌────── F(y)
                                            │   ─ γ/β f(x_γ, y_β)
                                            │    δ⎛ F(a)
                                            │    │α⎝ f(δ, a)
                                            └── F(x)             (81.
```

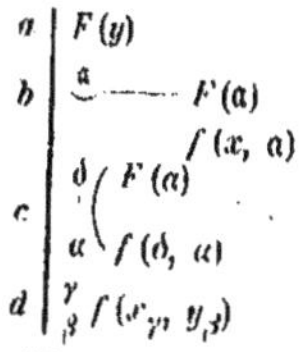

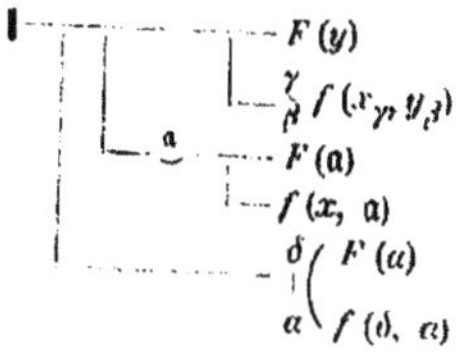

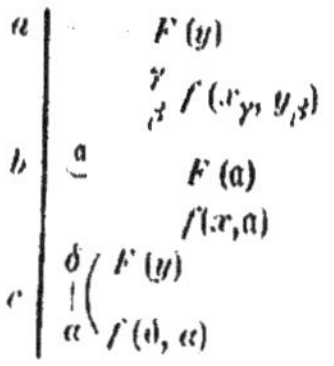

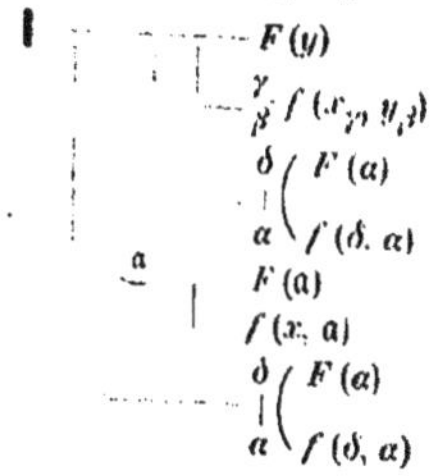

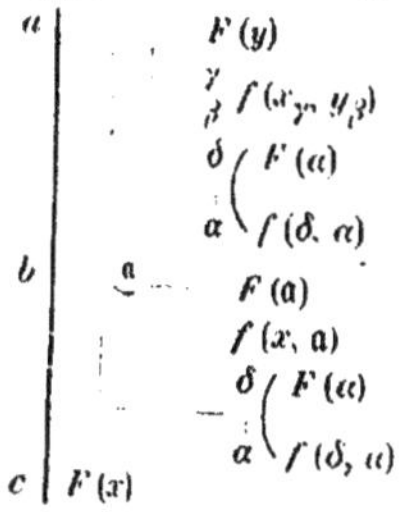

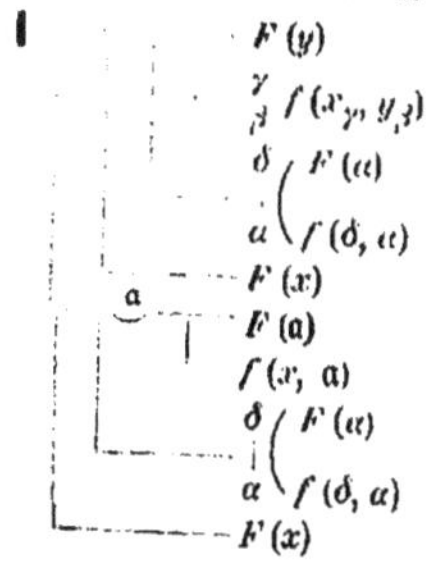

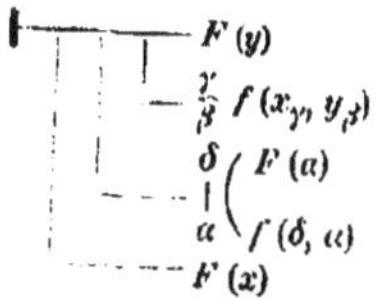

Da in (74.) y nur in —— $F(x)$ vorkommt, so kann bei der
$f(x, y)$

Ersetzung des y durch den deutschen Buchstaben $\mathfrak{a}$ die Höhlung dieses Ausdrucks nach § 11 unmittelbar vorhergehen. Man kann (81) übersetzen:

*Wenn x eine Eigenschaft F hat, die sich in der f-Reihe vererbt, und wenn y in der f-Reihe auf x folgt, so hat y die Eigenschaft F.**)

Es sei beispielsweise F die Eigenschaft, ein Haufe Bohnen zu sein; es sei das Verfahren f die Verminderung eines Haufens Bohnen um eine Bohne, so dass

$$f(a, b)$$

den Umstand bedeute, dass b alle Bohnen des Haufens a ausser einer und sonst nichts enthalte. Dann würde man durch unsern Satz zu dem Ergebnisse gelangen, dass eine einzige oder selbst gar keine Bohne ein Haufe Bohnen sei, wenn die Eigenschaft, ein Haufe zu sein, sich in der f-Reihe vererbt. Dies ist jedoch nicht allgemein der Fall, weil es gewisse z giebt, bei denen wegen der Unbestimmtheit des Begriffes „Haufe" $F(z)$ unbeurtheilbar ist.

81

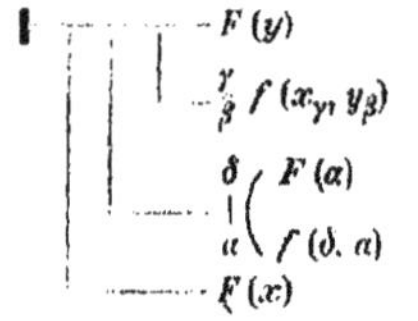

(18) :

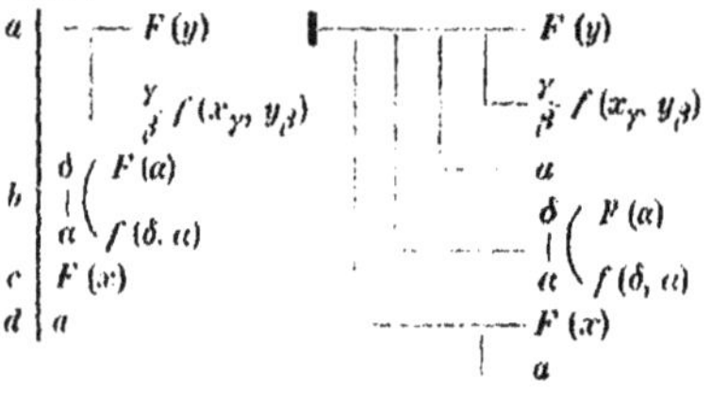

(82.

*) Hierauf beruht die Bernoullische Induction.

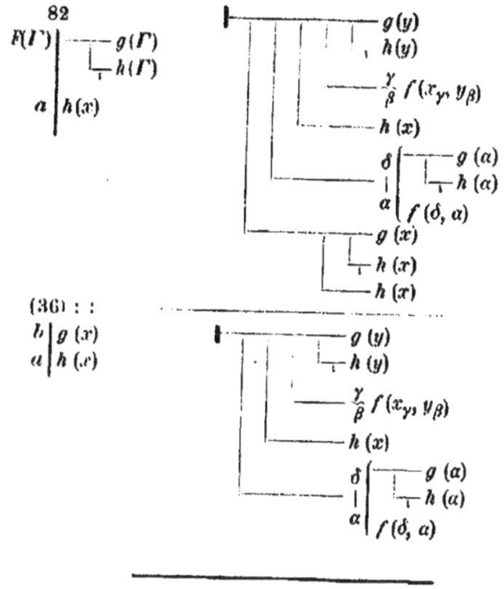

(83.

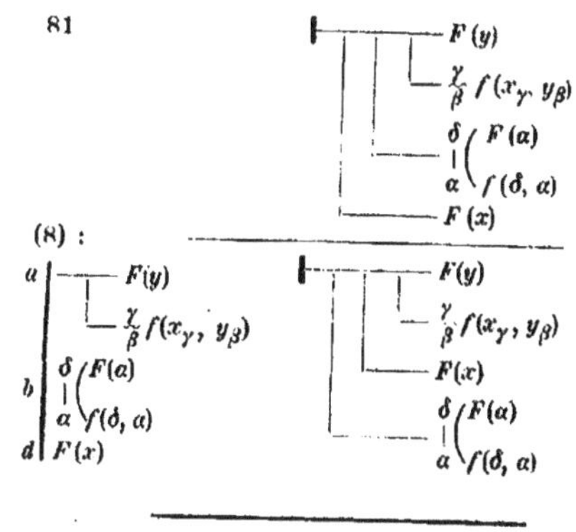

(84.

$F(y)$
$F(\mathfrak{a})$
$f(x, \mathfrak{a})$
$\delta \left(\begin{array}{l} F(\alpha) \\ f(\delta, \alpha) \end{array} \right.$
α
$\underset{\beta}{\gamma} f(x_\gamma, y_\beta)$

(12) :

$a \ F(y)$
$b \quad \overset{\mathfrak{a}}{\smile} \quad F(\mathfrak{a})$
$f(x, \mathfrak{a})$
$c \ \delta \left(\begin{array}{l} F(\alpha) \\ f(\delta, \alpha) \end{array} \right.$
α
$d \ \underset{\beta}{\gamma} f(x_\gamma, y_\beta)$

$F(y)$
$\delta \left(\begin{array}{l} F(\alpha) \\ f(\delta, \alpha) \end{array} \right.$
α
$\overset{\mathfrak{a}}{\smile} \quad F(\mathfrak{a})$
$f(x, \mathfrak{a})$
$\underset{\beta}{\gamma} f(x_\gamma, y_\beta)$ (85.

(19) :

$b \ F(y)$
$\delta \left(\begin{array}{l} F(\mathfrak{a}) \\ f(\delta, a) \end{array} \right.$
α
$c \ \overset{\mathfrak{a}}{\smile} \quad F(\mathfrak{a})$
$f(x, \mathfrak{a})$
$d \ \underset{\beta}{\gamma} f(x_\gamma, y_\beta)$
$e \ F(z)$
$f(y, z)$
$\delta \left(\begin{array}{l} F(\alpha) \\ f(\delta, \alpha) \end{array} \right.$
α

$F(z)$
$f(y, z)$
$\delta \left(\begin{array}{l} F(\mathfrak{a}) \\ f(\delta, a) \end{array} \right.$
α
$F(\mathfrak{a})$
$f(x, \mathfrak{a})$
$\underset{\beta}{\gamma} f(x_\gamma, y_\beta)$
$F(z)$
$f(y, z)$
$\delta \left(\begin{array}{l} F(\alpha) \\ f(\delta, \mathfrak{a}) \end{array} \right.$
α
$F(y)$
$\delta \left(\begin{array}{l} F(\alpha) \\ f(\delta, \alpha) \end{array} \right.$
α (86.

(73) : :

$y \ | \ z$
$x \ | \ y$

$F(z)$
$f(y, z)$
$\delta \left(\begin{array}{l} F(\alpha) \\ f(\delta, \alpha) \end{array} \right.$
α
$F(\mathfrak{a})$
$f(x, \mathfrak{a})$
$\underset{\beta}{\gamma} f(x_\gamma, y_\beta)$ (87.

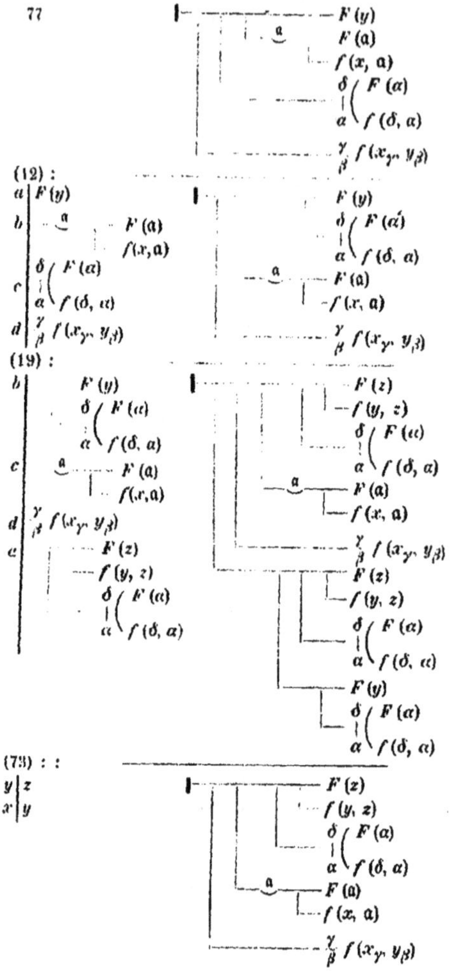

Die Ableitung dieses Satzes wird in Worten etwa folgendermassen lauten:

α) Es folge y in der f-Reihe auf x;

β) es habe jedes Ergebnis einer Anwendung des Verfahrens f auf x die Eigenschaft F;

γ) es vererbe sich die Eigenschaft F in der f-Reihe.

Aus diesen Voraussetzungen folgt nach (85):

δ) y hat die Eigenschaft F.

ε) Es sei z Ergebnis einer Anwendung des Verfahrens f auf y.

Dann folgt aus (γ), (δ), (ε) nach (72):

z hat die Eigenschaft F.

Daher:

Wenn z Ergebnis einer Anwendung des Verfahrens f auf einen Gegenstand y ist, der in der f-Reihe auf x folgt, und wenn jedes Ergebnis einer Anwendung des Verfahrens f auf x eine Eigenschaft F hat, die sich in der F-Reihe vererbt, so hat z diese Eigenschaft F.

87

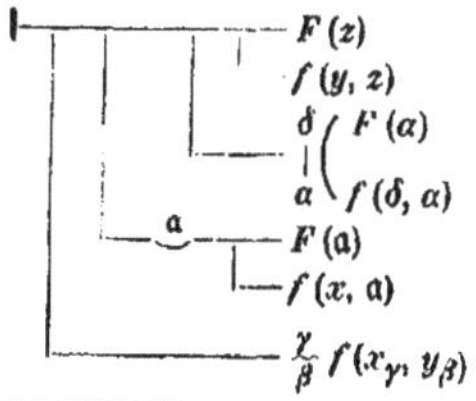

(15) :

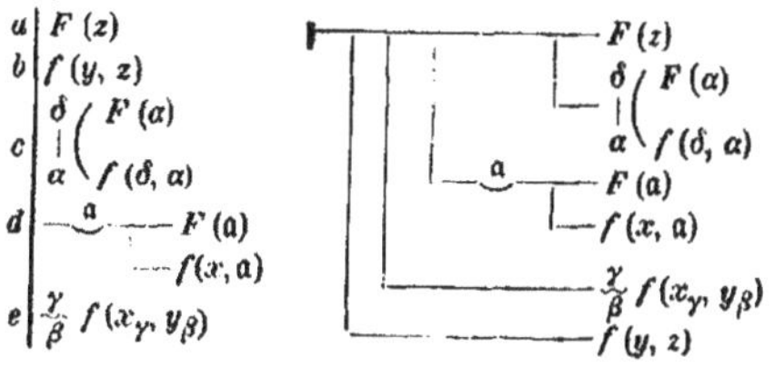

(88.

§ 28.

76

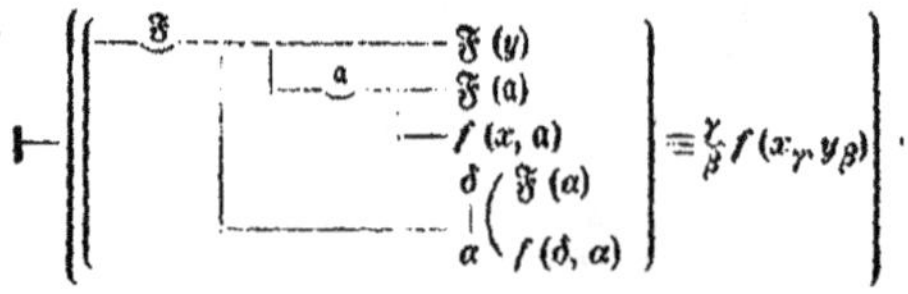

$$\left\| \begin{array}{l} \mathfrak{F} \underline{\quad\quad} \mathfrak{F}(y) \\ \quad\quad a \cdots \mathfrak{F}(a) \\ \quad\quad\quad f(x,a) \\ \quad\quad \delta \Big(\mathfrak{F}(a) \\ \quad\quad\quad | \\ \quad\quad\quad a \Big\backslash f(\delta,a) \end{array} \right\| \equiv \frac{\gamma}{\beta} f(x_\gamma, y_\beta)$$

(52):

$$f(\Gamma) \Big| \Gamma$$

$$c \Big| \mathfrak{F} \underline{\quad} \mathfrak{F}(y), \quad a \, \mathfrak{F}(a), \quad f(x,a), \quad \delta \Big(\mathfrak{F}(a), \quad a \Big\backslash f(\delta,a)$$

$$d \Big| \frac{\gamma}{\beta} f(x_\gamma, y_\beta)$$

$$\text{(right)} \quad \frac{\gamma}{\beta} f(x_\gamma, y_\beta), \quad \mathfrak{F} \underline{\quad} \mathfrak{F}(y), \quad a \, \mathfrak{F}(a), \quad f(x,a), \quad \delta \Big(\mathfrak{F}(a), \quad a \Big\backslash f(\delta,a) \qquad (89.$$

(5):

$$a \Big| \frac{\gamma}{\beta} f(x_\gamma, y_\beta)$$

$$b \Big| \mathfrak{F} \cdots \mathfrak{F}(y), \quad a \, \mathfrak{F}(a), \quad f(x,a), \quad \delta \Big(\mathfrak{F}(a), \quad a \Big\backslash f(\delta,a)$$

$$\text{(right)} \quad \frac{\gamma}{\beta} f(x_\gamma, y_\beta), \quad c, \quad \mathfrak{F} \, a \, \mathfrak{F}(y), \quad \mathfrak{F}(a), \quad f(x,a), \quad \delta \Big(\mathfrak{F}(a), \quad a \Big\backslash f(\delta,a), \quad c \qquad (90.$$

63

$$f \Big| \mathfrak{F}$$
$$x \Big| y$$
$$g(\Gamma) \Big| f(x, \Gamma)$$
$$m \Big| \delta \Big(\mathfrak{F}(a), \quad a \Big\backslash f(\delta,a)$$

(90):

$$c \Big| f(x,y)$$

$$\mathfrak{F} \underline{\quad} \mathfrak{F}(y)\,{}^*), \quad a \, \mathfrak{F}(a), \quad f(x,a), \quad \delta \Big(\mathfrak{F}(a), \quad a \Big\backslash f(\delta,a), \quad f(x,y)$$

$$\vdash \frac{\gamma}{\beta} f(x_\gamma, y_\beta), \quad f(x,y) \qquad (91.$$

---

*) In Bezug auf die Höhlung mit $\mathfrak{F}$ siehe § 11.

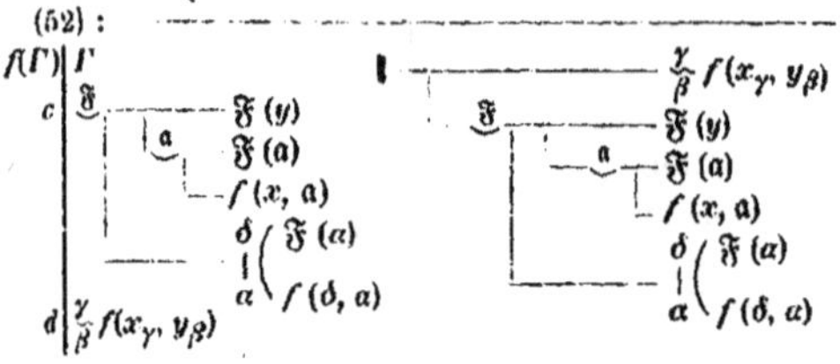

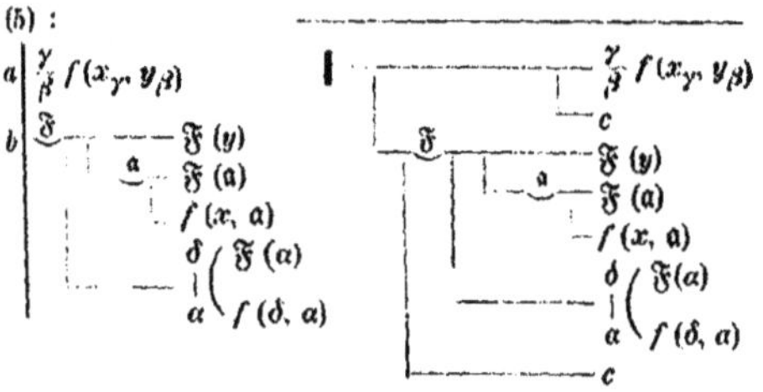

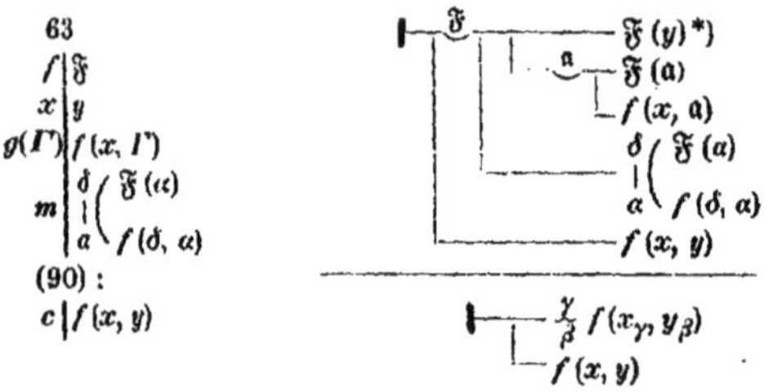

Es möge hier die Ableitung des Satzes (91) in Worten folgen. Aus dem Satze:

α) „jedes Ergebnis einer Anwendung des Verfahrens f auf x hat die Eigenschaft $\mathfrak{F}$“

kann, was auch $\mathfrak{F}$ sein mag, geschlossen werden:

jedes Ergebnis einer Anwendung des Verfahrens f auf x hat die Eigenschaft $\mathfrak{F}$.

Daher kann auch aus dem Satze (α) und dem Satze, dass die Eigenschaft $\mathfrak{F}$ sich in der f-Reihe vererbt, was auch $\mathfrak{F}$ sein mag, geschlossen werden:

jedes Ergebnis einer Anwendung des Verfahrens f auf x hat die Eigenschaft $\mathfrak{F}$.

Daher gilt nach (90) der Satz:

Jedes Ergebnis einer Anwendung eines Verfahrens f auf einen Gegenstand x folgt in der f-Reihe auf dies x.

91

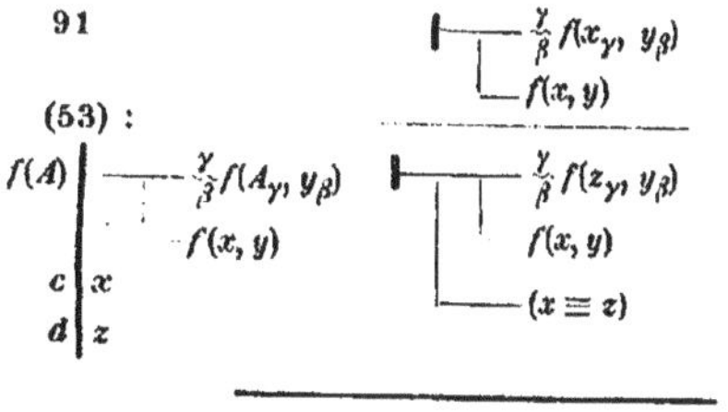

(92.

60

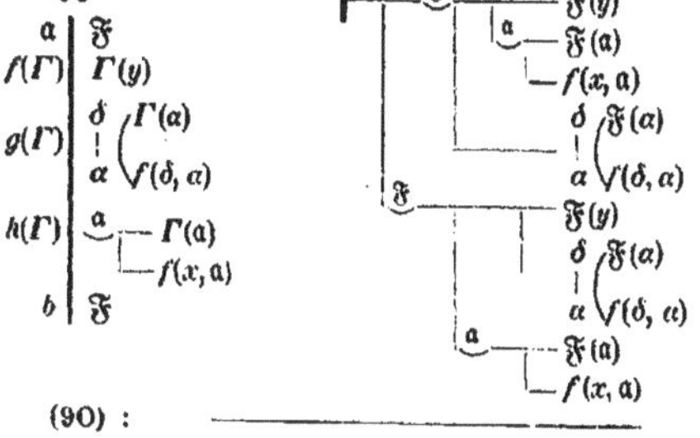

(90) :

c | $\mathfrak{F}$ ···· $\mathfrak{F}(y)$ | ···· $\dfrac{\gamma}{\beta} f(x_\gamma, y_\beta)$

$\delta \big/ \mathfrak{F}(u)$

$\alpha \big\backslash f(\delta, \alpha)$ $\mathfrak{F}$ ··· $\mathfrak{F}(y)$

$\underline{a}$ $\mathfrak{F}(a)$ $\delta \big/ \mathfrak{F}(a)$

—$f(x, a)$ $\alpha \big\backslash f(\delta, \alpha)$

$\underline{a}$ — $\mathfrak{F}(a)$

—$f(x, a)$ (93.

93

$y \mid z$ | ···· $\dfrac{\gamma}{\beta} f(x_\gamma, z_\beta)$

$\mathfrak{F}$ — $\mathfrak{F}(z)$

$\delta \big/ \mathfrak{F}(a)$

$\alpha \big\backslash f(\delta, \alpha)$

$\underline{a}$ — $\mathfrak{F}(a)$

—$f(x, a)$

(7) :

a | $\dfrac{\gamma}{\beta} f(x_\gamma, z_\beta)$ | ···· $\dfrac{\gamma}{\beta} f(x_\gamma, z_\beta)$

b | $\mathfrak{F}$ — $\mathfrak{F}(z)$ — $\dfrac{\gamma}{\beta} f(x_\gamma, y_\beta)$

$\delta \big/ \mathfrak{F}(u)$

$\alpha \big\backslash f(\delta, \alpha)$ | —$f(y, z)$

$\underline{a}$ — $\mathfrak{F}(a)$ $\mathfrak{F}$ ··· $\mathfrak{F}(z)$

—$f(x, a)$ $\delta \big/ \mathfrak{F}(u)$

$\alpha \big\backslash f(\delta, u)$

c | $\dfrac{\gamma}{\beta} f(x_\gamma, y_\beta)$ $\underline{a}$ — $\mathfrak{F}(a)$

d | $f(y, z)$ —$f(x, a)$

— $\dfrac{\gamma}{\beta} f(x_\gamma, y_\beta)$

—$f(y, z)$ (94.

(88) : :

$F \mid \mathfrak{F}$ | — $\dfrac{\gamma}{\beta} f(x_\gamma, z_\beta)$

$\dfrac{\gamma}{\beta} f(x_\gamma, y_\beta)$

—$f(y, z)$ (95.

(8) :

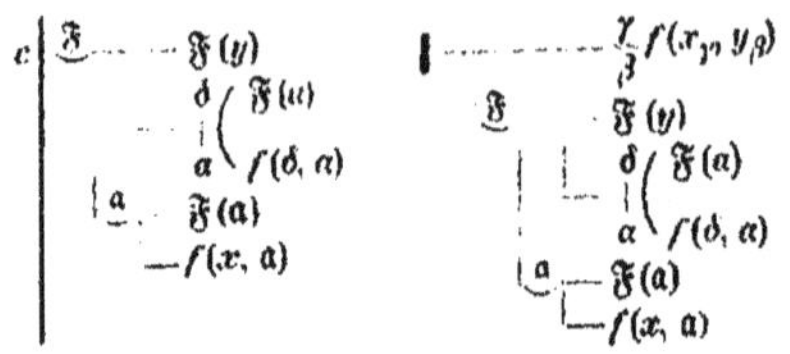

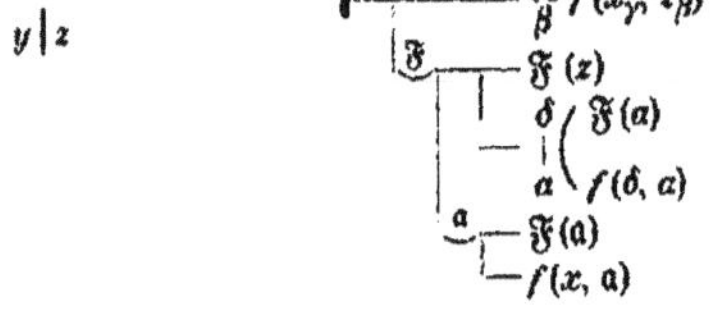

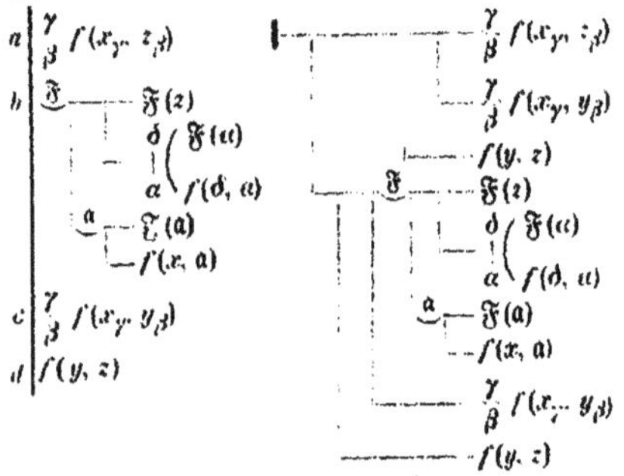

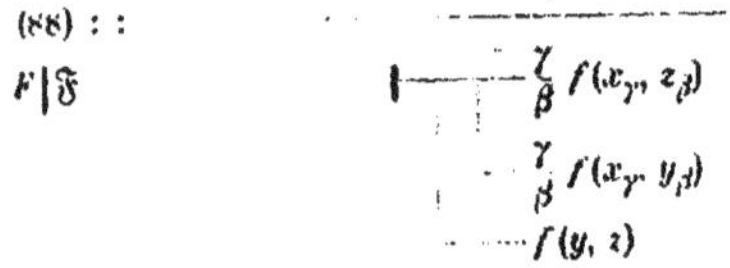

$$a \left| \begin{matrix} \gamma \\ \beta \end{matrix} \right. f(x_\gamma, z_\beta) \qquad \qquad \dashv \text{---} \begin{matrix} \gamma \\ \beta \end{matrix} f(x_\gamma, z_\beta)$$

$$b \left| \begin{matrix} \gamma \\ \beta \end{matrix} \right. f(x_\gamma, y_\beta) \qquad \qquad \text{---} f(y, z)$$

$$d \left| f(y, z) \right. \qquad \qquad \text{---} \begin{matrix} \gamma \\ \beta \end{matrix} f(x_\gamma, y_\beta) \qquad\qquad (96.$$

Jedes Ergebnis einer Anwendung des Verfahrens f auf einen Gegenstand, der in der f-Reihe auf x folgt, folgt in der f-Reihe auf x.

$$96$$

$$z \left| a \right. \qquad \qquad \vdash \text{---} b \text{---} a \text{---} \begin{matrix} \gamma \\ \beta \end{matrix} f(x_\gamma, a_\beta)$$

$$y \left| b \right. \qquad\qquad\qquad \text{---} f(b, a)$$

$$(75): \qquad\qquad\qquad\qquad \text{---} \begin{matrix} \gamma \\ \beta \end{matrix} f(x_\gamma, b_\beta)$$

$$F(\Gamma) \left| \begin{matrix} \gamma \\ \beta \end{matrix} \right. f(x_\gamma, \Gamma_\beta) \qquad \vdash \text{---} \delta \left(\begin{matrix} \gamma \\ \beta \end{matrix} f(x_\gamma, a_\beta) \right.$$

$$\qquad\qquad\qquad\qquad\qquad a \left\backslash f(\delta, a) \right. \qquad\qquad (97.$$

Die Eigenschaft, in der f-Reihe auf x zu folgen, vererbt sich in der f-Reihe.

$$97$$

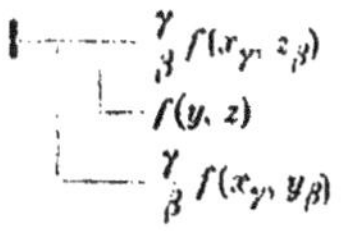

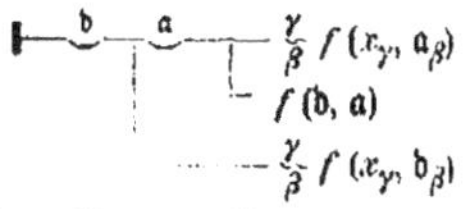

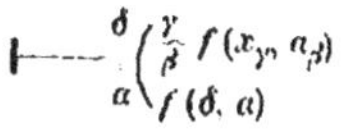

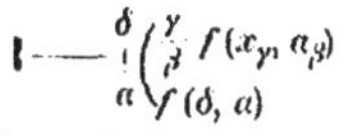

$$\qquad\qquad\qquad\qquad \vdash \text{---} \delta \left(\begin{matrix} \gamma \\ \beta \end{matrix} f(x_\gamma, a_\beta) \right.$$

$$\qquad\qquad\qquad\qquad a \left\backslash f(\delta, a) \right.$$

$$(84): \qquad\qquad\qquad\qquad\qquad\qquad\qquad\qquad$$

$$F(\Gamma) \left| \begin{matrix} \gamma \\ \beta \end{matrix} \right. f(x_\gamma, \Gamma_\beta) \qquad \vdash \text{---} \begin{matrix} \gamma \\ \beta \end{matrix} f(x_\gamma, z_\beta)$$

$$x \left| y \right. \qquad\qquad\qquad \text{---} \begin{matrix} \gamma \\ \beta \end{matrix} f(y_\gamma, z_\beta)$$

$$y \left| z \right. \qquad\qquad\qquad \text{---} \begin{matrix} \gamma \\ \beta \end{matrix} f(x_\gamma, y_\beta) \qquad\qquad (98.$$

Wenn y in der f-Reihe auf x und wenn z in der f-Reihe auf y folgt, so folgt z in der f-Reihe auf x.

§ 29.

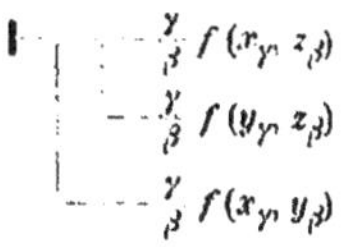

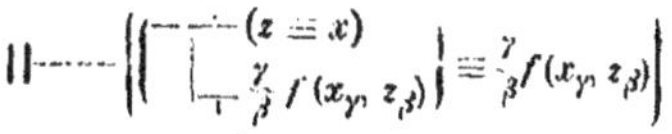

$$\vert\vert \text{---} \left\{ \left[\text{---} (z = x) \atop \text{---} \begin{matrix} \gamma \\ \beta \end{matrix} f(x_\gamma, z_\beta) \right] \equiv \begin{matrix} \gamma \\ \beta \end{matrix} f(x_\gamma, z_\beta) \right\} \qquad (99.$$

Ich verweise hier auf das bei den Formeln (69) und (76) über die Einführung neuer Zeichen Gesagte. Es mag

$$\begin{matrix} \gamma \\ \beta \end{matrix} f(x_\gamma, z_\beta)$$

durch „z gehört der mit x anfangenden f-Reihe an", oder durch „x gehört der mit z endenden f-Reihe an" übersetzt werden. Dann lautet (99) in Worten so:

*Wenn z dasselbe wie x ist, oder auf x in der f-Reihe folgt,
so sage ich:*

„*z gehört der mit x anfangenden f-Reihe an*"; oder: „*x
gehört der mit z endenden f-Reihe an*".

$$99. \qquad \left| - \left(\left[\begin{array}{l} z \equiv x \\ \genfrac{}{}{0pt}{}{\gamma}{\beta} f(x_\gamma, z_\beta) \end{array} \right] \equiv \genfrac{}{}{0pt}{}{\gamma}{\beta} f(x_\gamma, z_\beta) \right) \right.$$

(57) :

$$
\begin{array}{c|c}
f(\Gamma) & \Gamma \\
c & \text{---}(z \equiv x) \\
 & \sqsubset \genfrac{}{}{0pt}{}{\gamma}{\beta} f(x_\gamma, z_\beta) \\
d & \genfrac{}{}{0pt}{}{\gamma}{\beta} f(x_\gamma, z_\beta)
\end{array}
\qquad
\begin{array}{l}
| - (z \equiv x) \\
\quad \sqsubset \genfrac{}{}{0pt}{}{\gamma}{\beta} f(x_\gamma, z_\beta) \\
\quad\quad \genfrac{}{}{0pt}{}{\gamma}{\beta} f(x_\gamma, z_\beta)
\end{array}
\qquad (100.
$$

(48) :

$$
\begin{array}{c|c}
b & (z \equiv x) \\
c & \genfrac{}{}{0pt}{}{\gamma}{\beta} f(x_\gamma, z_\beta) \\
d & \genfrac{}{}{0pt}{}{\gamma}{\beta} f(x_\gamma, z_\beta) \\
a & \text{---} \genfrac{}{}{0pt}{}{\gamma}{\beta} f(x_\gamma, v_\beta) \\
 & \text{---} f(z, v)
\end{array}
\qquad
\begin{array}{l}
\genfrac{}{}{0pt}{}{\gamma}{\beta} f(x_\gamma, v_\beta) \\
\sqsubset f(z, v) \\
\genfrac{}{}{0pt}{}{\gamma}{\beta} f(x_\gamma, z_\beta) \\
\genfrac{}{}{0pt}{}{\gamma}{\beta} f(x_\gamma, v_\beta) \\
\sqsubset f(z, v) \\
\genfrac{}{}{0pt}{}{\gamma}{\beta} f(z_\gamma, z_\beta) \\
\genfrac{}{}{0pt}{}{\gamma}{\beta} f(\cdot_\gamma, v_\beta) \\
f(z, v) \\
(z \equiv x)
\end{array}
\qquad (101.
$$

(96 , 92) : :

$$
\begin{array}{c|c|c}
y & z & x \mid z \\
z & v & z \mid x \\
 & & y \mid v
\end{array}
\qquad
\begin{array}{l}
\genfrac{}{}{0pt}{}{\gamma}{\beta} f(x_\gamma, v_\beta) \quad *) \\
\sqsubset f(z, v) \\
\genfrac{}{}{0pt}{}{\gamma}{\beta} f(x_\gamma, z_\beta)
\end{array}
\qquad (102.
$$

Die Ableitung von (102) mag hier in Worten folgen.

Wenn z dasselbe wie x ist, so folgt nach (92) jedes Ergebnis
einer Anwendung des Verfahrens f auf z in der f-Reihe auf x.
Wenn z in der f-Reihe auf x folgt, so folgt nach (96) jedes
Ergebnis einer Anwendung von f auf z in der f-Reihe auf x.
Aus diesen beiden Sätzen folgt nach (100):

---

*) In Betreff des letzten Schlusses siehe § 6.

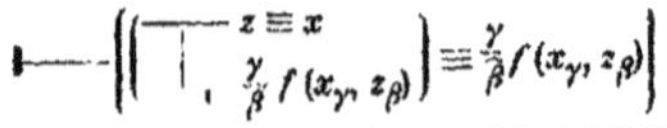

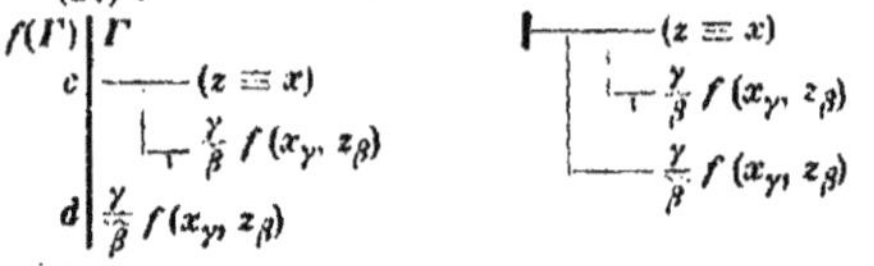

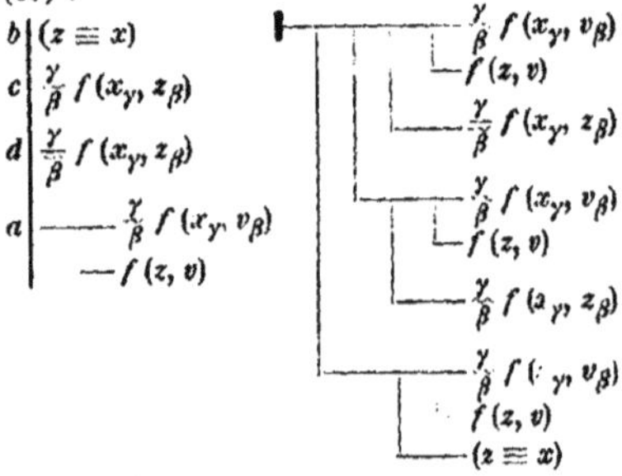

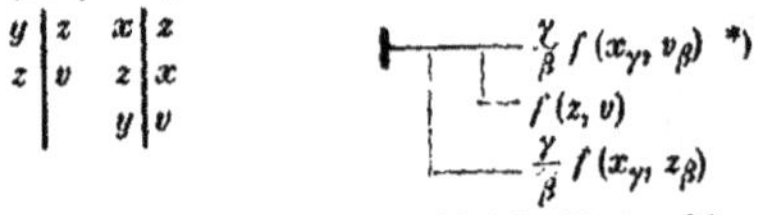

Wenn z der mit x anfangenden f-Reihe angehört, so folgt jedes Ergebnis einer Anwendung des Verfahrens f auf z in der f-Reihe auf x.

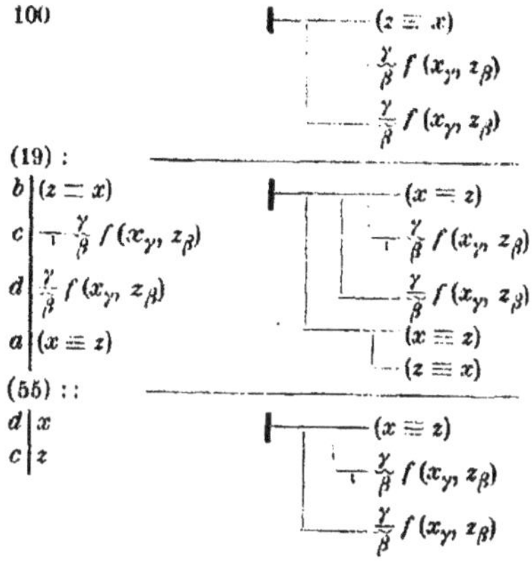

100

$$\vdash \cdots (z \equiv x)$$
$$\frac{\gamma}{\beta} f(x_\gamma, z_\beta)$$
$$\cdots \frac{\gamma}{\beta} f(x_\gamma, z_\beta)$$

(19) :

$$
\begin{array}{l|l}
b & (z \equiv x) \\
c & \frac{\gamma}{\beta} f(x_\gamma, z_\beta) \\
d & \frac{\gamma}{\beta} f(x_\gamma, z_\beta) \\
a & (x \equiv z)
\end{array}
\qquad
\begin{array}{l}
\vdash \cdots (x \equiv z) \\
\quad \frac{\gamma}{\beta} f(x_\gamma, z_\beta) \\
\quad \frac{\gamma}{\beta} f(x_\gamma, z_\beta) \\
\quad (x \equiv z) \\
\quad (z \equiv x)
\end{array}
$$

(103.

(55) ::

$$
\begin{array}{l|l}
d & x \\
c & z
\end{array}
\qquad
\begin{array}{l}
\vdash \cdots (x \equiv z) \\
\quad \frac{\gamma}{\beta} f(x_\gamma, z_\beta) \\
\quad \frac{\gamma}{\beta} f(x_\gamma, z_\beta)
\end{array}
$$

(104.

§ 30.
99

$$\vdash \left(\left(\begin{array}{l} (z \equiv x) \\ \frac{\gamma}{\beta} f(x_\gamma, z_\beta) \end{array} \right) \equiv \frac{\gamma}{\beta} f(x_\gamma, z_\beta) \right)$$

(52) :

$$
\begin{array}{l|l}
f(\Gamma) & \Gamma \\
c & z \equiv x \\
 & \frac{\gamma}{\beta} f(x_\gamma, z_\beta) \\
d & \frac{\gamma}{\beta} f(x_\gamma, z_\beta)
\end{array}
\qquad
\begin{array}{l}
\vdash \quad \frac{\gamma}{\beta} f(x_\gamma, z_\beta) \\
\quad (z \equiv x) \\
\quad \frac{\gamma}{\beta} f(x_\gamma, z_\beta)
\end{array}
$$

(105.

(37) :

$$
\begin{array}{l|l}
a & \frac{\gamma}{\beta} f(x_\gamma, z_\beta) \\
b & (z \equiv x) \\
c & \frac{\gamma}{\beta} f(x_\gamma, z_\beta)
\end{array}
\qquad
\begin{array}{l}
\vdash \cdots \frac{\gamma}{\beta} f(x_\gamma, z_\beta) \\
\quad \frac{\gamma}{\beta} f(x_\gamma, z_\beta)
\end{array}
$$

(106.

Was in der f-Reihe auf x folgt, gehört der mit x anfangenden f-Reihe an.

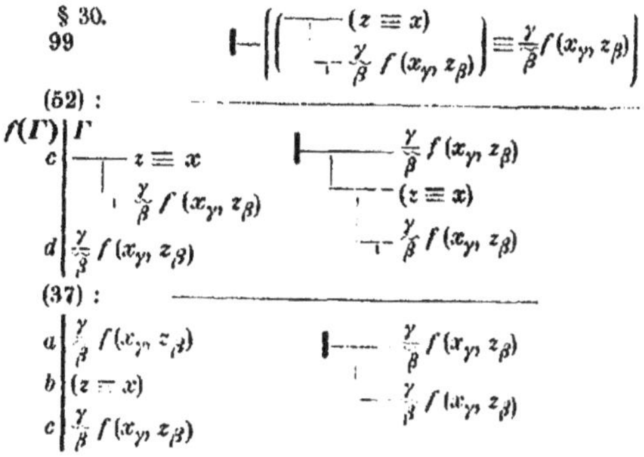

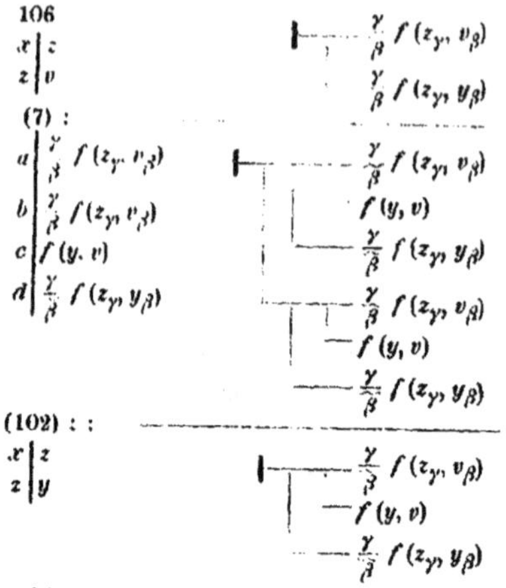

$x \mid z$

$z \mid v$

$\qquad \dfrac{\gamma}{\beta}\, f\,(z_\gamma,\, v_\beta)$

$\qquad \dfrac{\gamma}{\beta}\, f\,(z_\gamma,\, y_\beta)$

(7) :

$a \mid \dfrac{\gamma}{\beta}\, f\,(z_\gamma,\, v_\beta)$ $\qquad \dfrac{\gamma}{\beta}\, f\,(z_\gamma,\, v_\beta)$

$b \mid \dfrac{\gamma}{\beta}\, f\,(z_\gamma,\, v_\beta)$ $\qquad f\,(y,\, v)$

$c \mid f\,(y,\, v)$ $\qquad \dfrac{\gamma}{\beta}\, f\,(z_\gamma,\, y_\beta)$

$d \mid \dfrac{\gamma}{\beta}\, f\,(z_\gamma,\, y_\beta)$ $\qquad \dfrac{\gamma}{\beta}\, f\,(z_\gamma,\, v_\beta)$

$\qquad -\, f\,(y,\, v)$

$\qquad -\, \dfrac{\gamma}{\beta}\, f\,(z_\gamma,\, y_\beta)$

(107.

(102) : :

$x \mid z$

$z \mid y$

$\qquad -\, \dfrac{\gamma}{\beta}\, f\,(z_\gamma,\, v_\beta)$

$\qquad -\, f\,(y,\, v)$

$\qquad -\, \dfrac{\gamma}{\beta}\, f\,(z_\gamma,\, y_\beta)$

(108.

Hier folge die Ableitung von (108) in Worten.

Wenn y der mit z anfangenden f-Reihe angehört, so folgt nach (102) jedes Ergebnis einer Anwendung des Verfahrens f auf y in der f-Reihe auf z.

Nach (106) gehört dann jedes Ergebnis einer Anwendung des Verfahrens f auf y der mit z anfangenden f-Reihe an. Daher:

Wenn y der mit z anfangenden f-Reihe angehört, so gehört jedes Ergebnis einer Anwendung des Verfahrens f auf y der mit z anfangenden f-Reihe an.

108

$v \mid a$

$z \mid x$

$y \mid b$

$\qquad \overset{b}{\cdots} \overset{a}{\cdots} \dfrac{\gamma}{\beta}\, f\,(x_\gamma,\, a_\beta)$

$\qquad -\, f\,(b,\, a)$

$\qquad -\, \dfrac{\gamma}{\beta}\, f\,(x_\gamma,\, b_\beta)$

(75) :

$f(t') \mid \dfrac{\gamma}{\beta}\, f\,(x_\gamma,\, t'_\beta)$

$\qquad \overset{\delta}{\underset{\alpha}{\Bigg(}} \dfrac{\gamma}{\beta}\, f\,(x_\gamma,\, \alpha_\beta)$

$\qquad\qquad f\,(\delta,\, \alpha)$

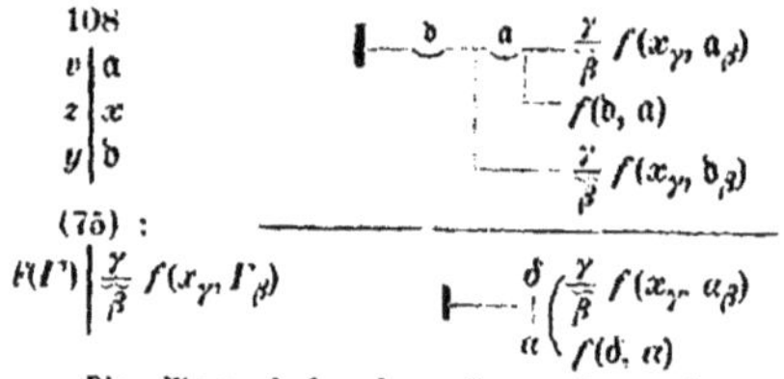

109.

Die Eigenschaft, der mit x anfangenden f-Reihe anzugehören, vererbt sich in der f-Reihe.

109

(78) :

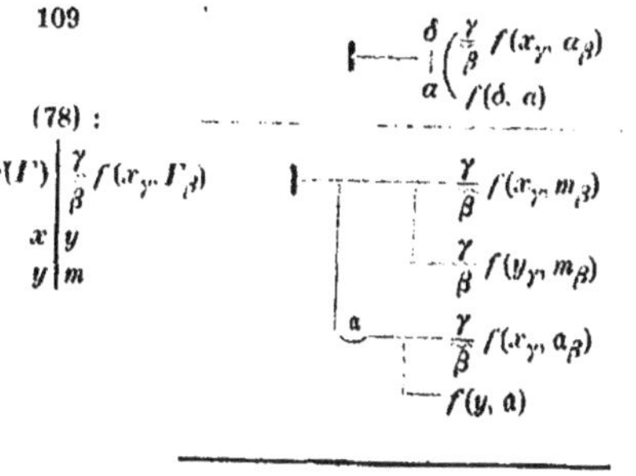

$$\longmapsto \begin{matrix} \delta \\ \vdots \\ a \end{matrix} \left(\begin{matrix} \frac{\gamma}{\beta} f(x_\gamma, a_\beta) \\ f(\delta, a) \end{matrix} \right.$$

$$F(\Gamma') \left| \begin{matrix} \frac{\gamma}{\beta} f(x_\gamma, \Gamma_\beta') \\ x \mid y \\ y \mid m \end{matrix} \right.$$

$$\longmapsto \cdots\cdots \frac{\gamma}{\beta} f(x_\gamma, m_\beta)$$

$$\frac{\gamma}{\beta} f(y_\gamma, m_\beta)$$

$$a \quad \frac{\gamma}{\beta} f(x_\gamma, a_\beta)$$

$$\longmapsto f(y, a) \qquad\qquad (110.$$

108

$$\longmapsto \frac{\gamma}{\beta} f(z_\gamma, v_\beta)$$

$$\longmapsto f(y, v)$$

$$\frac{\gamma}{\beta} f(z_\gamma, y_\beta)$$

(25) :

$$a \left| \frac{\gamma}{\beta} f(z_\gamma, v_\beta) \right.$$

$$c \mid f(y, v)$$

$$d \left| \frac{\gamma}{\beta} f(z_\gamma, y_\beta) \right.$$

$$b \left| \frac{\gamma}{\beta} f(v_\gamma, z_\beta) \right.$$

$$\longmapsto \frac{\gamma}{\beta} f(z_\gamma, v_\beta)$$

$$\frac{\gamma}{\beta} f(v_\gamma, z_\beta)$$

$$- f(y, v)$$

$$\frac{\gamma}{\beta} f(z_\gamma, y_\beta) \qquad\qquad (111.$$

Folgendes ist die Ableitung von (111) in Worten.

Wenn y der mit z anfangenden f-Reihe angehört, so gehört nach (108) jedes Ergebnis einer Anwendung des Verfahrens f auf y der mit z anfangenden f-Reihe an.

Daher gehört dann jedes Ergebnis einer Anwendung des Verfahrens f auf y der mit z anfangenden f-Reihe an, oder geht in der f-Reihe dem z vorher.

Also:

Wenn y der mit z anfangenden f-Reihe angehört, so gehört jedes Ergebnis einer Anwendung des Verfahrens f auf y der mit z anfangenden f-Reihe an, oder geht in der f-Reihe dem z vorher.

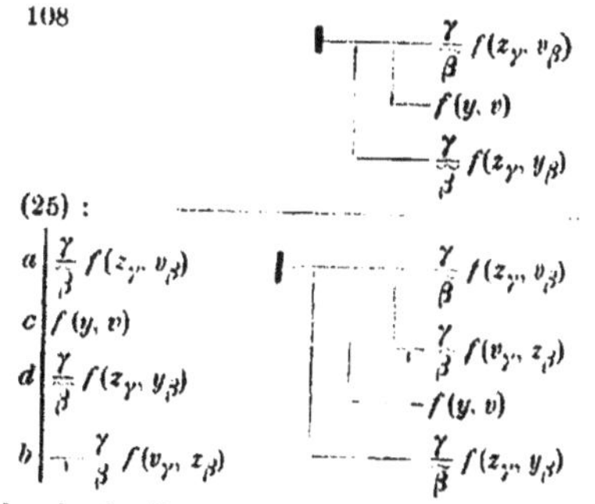

105

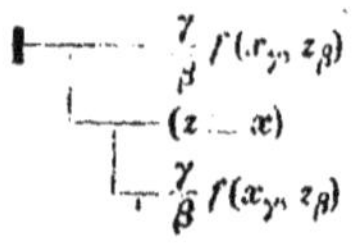

(11) :

a | $\frac{\gamma}{\beta} f(x_\gamma, z_\beta)$
b | $(z \equiv x)$
c | $\top \frac{\gamma}{\beta} f(x_\gamma, z_\beta)$

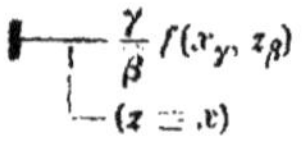

(112.

(7) :

a | $\frac{\gamma}{\beta} f(x_\gamma, z_\beta)$
b | $(z \equiv x)$
c | $\top \frac{\gamma}{\beta} f(z_\gamma, x_\beta)$
d | $\frac{\gamma}{\beta} f(z_\gamma, x_\beta)$

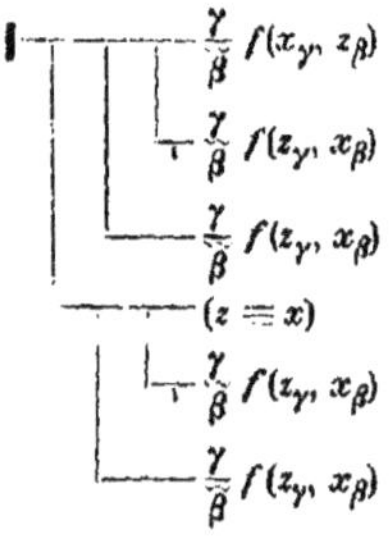

(113.

(104) : :

x | z
z | x

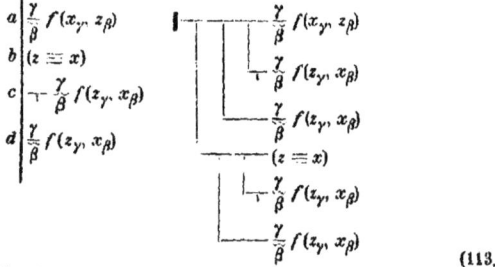

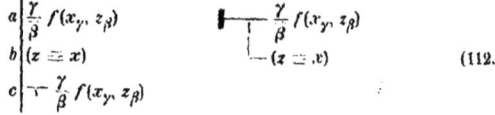

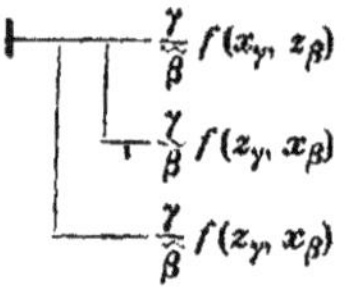

(114.

Folgendes ist die Ableitung dieser Formel in Worten.

Es gehöre x der mit z anfangenden f-Reihe an.

Dann ist nach (104) z dasselbe wie x; oder x folgt in der f-Reihe auf z.

Wenn z dasselbe wie x ist, so gehört nach (112) z der mit x anfangenden f-Reihe an.

Aus den letzten beiden Sätzen folgt: z gehört der mit x anfangenden f-Reihe an; oder x folgt in der f-Reihe auf z.
Daher:

Wenn x der mit z anfangenden f-Reihe angehört, so gehört z der mit x anfangenden f-Reihe an; oder x folgt in der f-Reihe auf z.

§ 31.

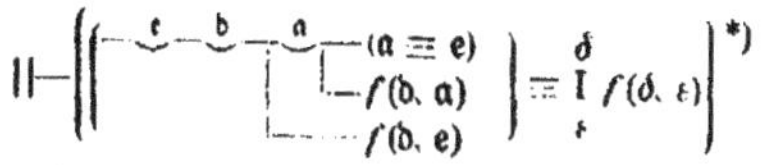

$$\Vdash \left(\left(\overset{\mathfrak{e}}{\smile} \overset{\mathfrak{b}}{\smile} \overset{\mathfrak{a}}{\smile} \begin{cases} (\mathfrak{a} \equiv \mathfrak{e}) \\ f(\mathfrak{b}, \mathfrak{a}) \\ f(\mathfrak{b}, \mathfrak{e}) \end{cases} \right) \equiv \underset{\varepsilon}{\overset{\delta}{\mathrm{I}}} f(\delta, \varepsilon) \right) \text{*)} \qquad (115.$$

Ich übersetze

$$\underset{\varepsilon}{\overset{\delta}{\mathrm{I}}} f(\delta, \varepsilon)$$

durch „der Umstand, dass das Verfahren f eindeutig ist". Dann kann (115) so wiedergegeben werden:

Wenn aus dem Umstande, dass $\mathfrak{e}$ Ergebnis einer Anwendung des Verfahrens f auf $\mathfrak{b}$ ist, was auch $\mathfrak{b}$ sein mag, geschlossen werden kann, dass jedes Ergebnis einer Anwendung des Verfahrens f auf $\mathfrak{b}$ dasselbe wie $\mathfrak{e}$ sei,

so sage ich:

„das Verfahren f ist eindeutig".

$$115 \quad \vdash \left(\left(\overset{\mathfrak{e}}{\smile} \overset{\mathfrak{b}}{\smile} \overset{\mathfrak{a}}{\smile} \begin{cases} (\mathfrak{a} \equiv \mathfrak{e}) \\ f(\mathfrak{b}, \mathfrak{a}) \\ f(\mathfrak{b}, \mathfrak{e}) \end{cases} \right) \equiv \underset{\varepsilon}{\overset{\delta}{\mathrm{I}}} f(\delta, \varepsilon) \right)$$

(68) : ———————————————

$$\begin{array}{c|l} f(\Gamma) & \overset{\mathfrak{b}}{\smile} \overset{\mathfrak{a}}{\smile} \begin{cases} (\mathfrak{a} \equiv \Gamma) \\ f(\mathfrak{b}, \mathfrak{a}) \\ f(\mathfrak{b}, \Gamma) \end{cases} \\ b & \underset{\varepsilon}{\overset{\delta}{\mathrm{I}}} f(\delta, \varepsilon) \\ c & x \\ \mathfrak{a} & \mathfrak{e} \end{array} \qquad \vdash \begin{cases} \overset{\mathfrak{b}}{\smile} \overset{\mathfrak{a}}{\smile} \begin{cases} (\mathfrak{a} \equiv x) \\ f(\mathfrak{b}, \mathfrak{a}) \\ f(\mathfrak{b}, x) \end{cases} \\ \underset{\varepsilon}{\overset{\delta}{\mathrm{I}}} f(\delta, \varepsilon) \end{cases} \qquad (116.$$

(9) : ———————————————

*) § 24.

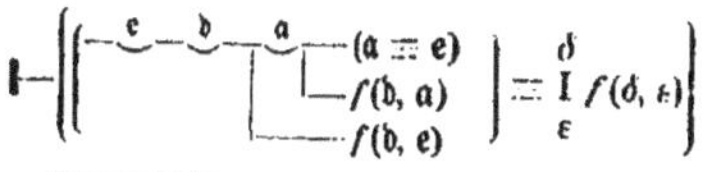

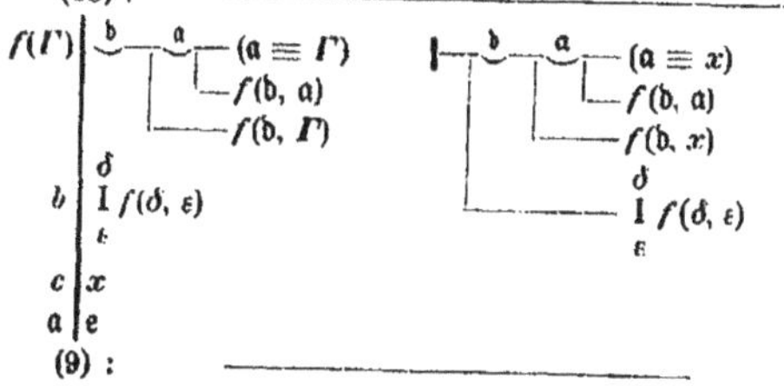

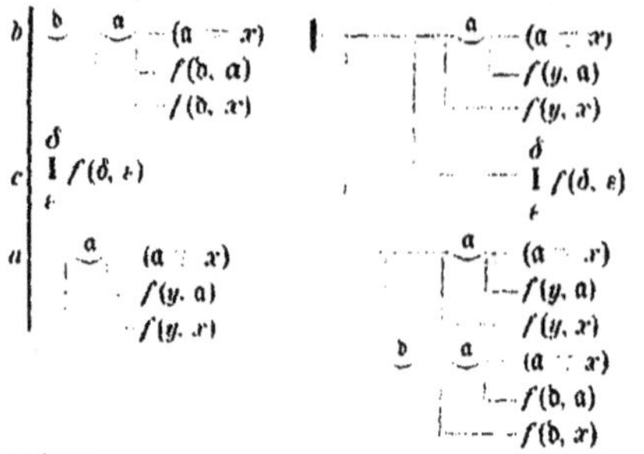

(117.

(58) : :

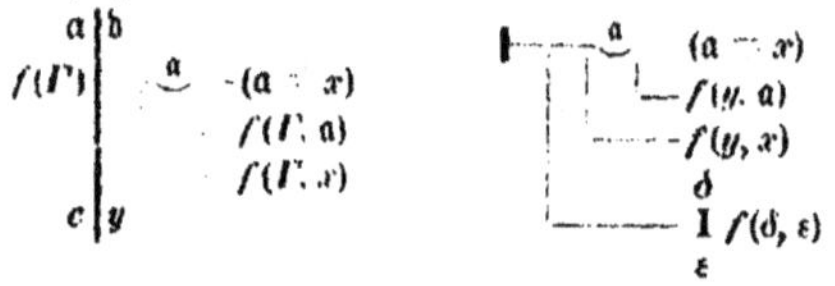

(118.

(19) :

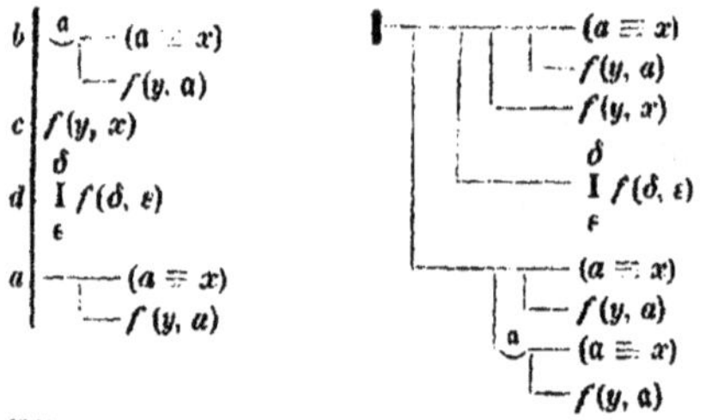

(119.

(58) : :

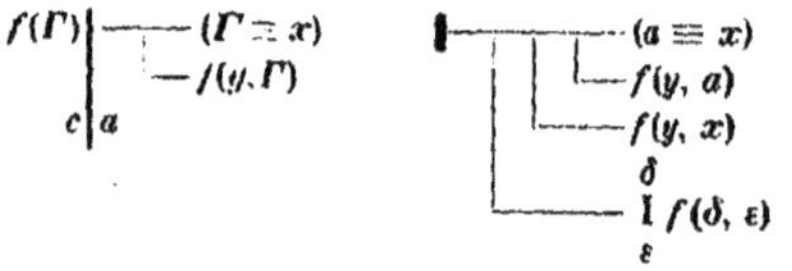

(120.

(20) :

$b \mid (a = x)$
$c \mid f(y, a)$
$d \mid f(y, x)$
$\quad \delta$
$e \mid 1 / (\delta, \varepsilon)$
$\quad \varepsilon$
$a \mid \dfrac{\gamma}{\beta} f(x_\gamma, a_\beta)$

(112) : :

$z \mid a$

(121.

(122.

122

$a \mid a$

(19) :

$b \mid \dfrac{a}{} \dfrac{\gamma}{\beta} f(x_\gamma, a_\beta)$
$\quad \mid f(y, a)$
$c \mid f(y, x)$
$\quad \delta$
$d \mid 1 / (\delta, \varepsilon)$
$\quad \varepsilon$
$a \mid \dfrac{\gamma}{\beta} f(x_\gamma, m_\beta)$
$\quad \dfrac{\gamma}{\beta} f(y_\gamma, m_\beta)$

(110) : :

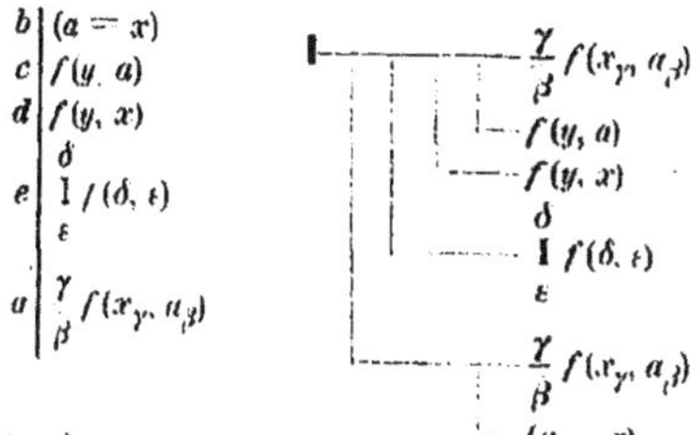

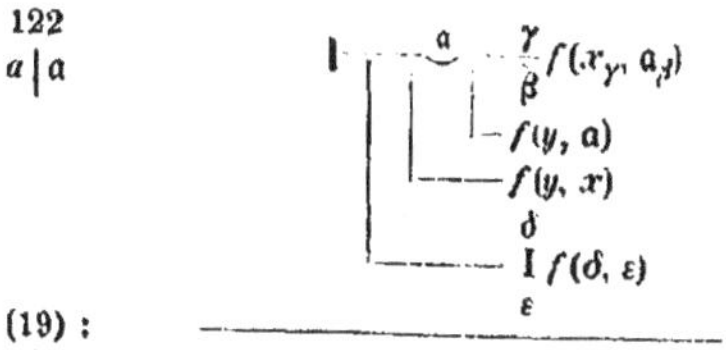

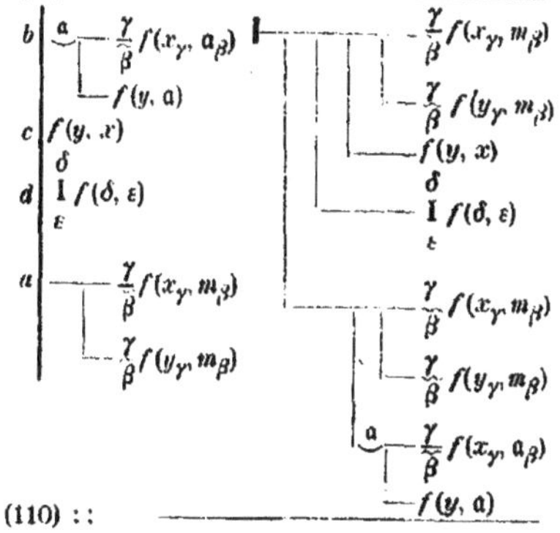

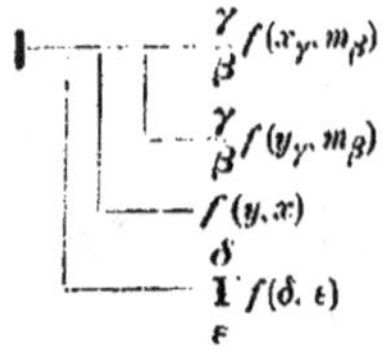

(124.

Es folge in Worten die Ableitung der Formeln (122) und (124).

Es sei x Ergebnis einer Anwendung des eindeutigen Verfahrens f auf y.

Dann ist nach (120) jedes Ergebnis einer Anwendung des Verfahrens f auf y dasselbe wie x.

Daher gehört nach (112) jedes Ergebnis einer Anwendung des Verfahrens f auf y der mit x anfangenden f-Reihe an.

Also:

> *Wenn x Ergebnis einer Anwendung des eindeutigen Verfahrens f auf y ist, so gehört jedes Ergebnis einer Anwendung des Verfahrens f auf y der mit x anfangenden f-Reihe an.* (Formel 122.)

Es folge m in der f-Reihe auf y. Dann ergiebt sich aus (110):

> wenn jedes Ergebnis einer Anwendung des Verfahrens f auf y der mit x anfangenden f-Reihe angehört, so gehört m der mit x anfangenden f-Reihe an.

Dies mit (122) verbunden zeigt,

> dass, wenn x Ergebnis einer Anwendung des eindeutigen Verfahrens f auf y ist, m der mit x anfangenden f-Reihe angehört.

Also:

> *Wenn x Ergebnis einer Anwendung des eindeutigen Verfahrens f auf y ist, und wenn m in der f-Reihe auf y folgt, so gehört m der mit x anfangenden f-Reihe an.* (Formel 124).

124

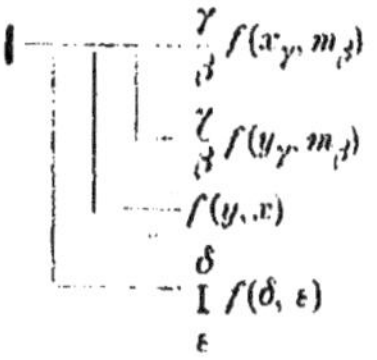

$\frac{\gamma}{\beta} f(x_\gamma, m_\beta)$

$\frac{\gamma}{\beta} f(y_\gamma, m_\beta)$

$f(y, x)$

$\frac{\delta}{\text{I}} f(\delta, \varepsilon)$
ε

(20) :

$b\ \Big|\ \frac{\gamma}{\beta} f(x_\gamma, m_\beta)$

$c\ \Big|\ \frac{\gamma}{\beta} f(y_\gamma, m_\beta)$

$d\ \big|\ f(y, x)$

$e\ \Big|\ \frac{\delta}{\text{I}} f(\delta, \varepsilon)$
ε

$a\ \Big|\ \frac{\gamma}{\beta} f(m_\gamma, x_\beta)$

$\frac{\gamma}{\beta} f(x_\gamma, m_\beta)$

$\frac{\gamma}{\beta} f(m_\gamma, x_\beta)$

$\frac{\gamma}{\beta} f(x_\gamma, m_\beta)$

$\frac{\gamma}{\beta} f(y_\gamma, m_\beta)$

$f(y, x)$

$\frac{\delta}{\text{I}} f(\delta,\ )$
ε

$\frac{\gamma}{\beta} f(m_\gamma, x_\beta)$

$\frac{\gamma}{\beta} f(x_\gamma, m_\beta)$

$\frac{\gamma}{\beta} f(x_\gamma, m_\beta)$

(125.

(114) : :

$\begin{array}{c|c} x & m \\ z & x \end{array}$

$\frac{\gamma}{\beta} f(m_\gamma, x_\beta)$

$\frac{\gamma}{\beta} f(x_\gamma, m_\beta)$

$\frac{\gamma}{\beta} f(y_\gamma, m_\beta)$

$f(y, x)$

$\frac{\delta}{\text{I}} f(\delta, \varepsilon)$
ε

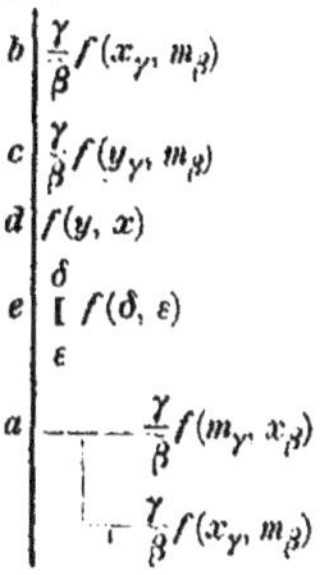

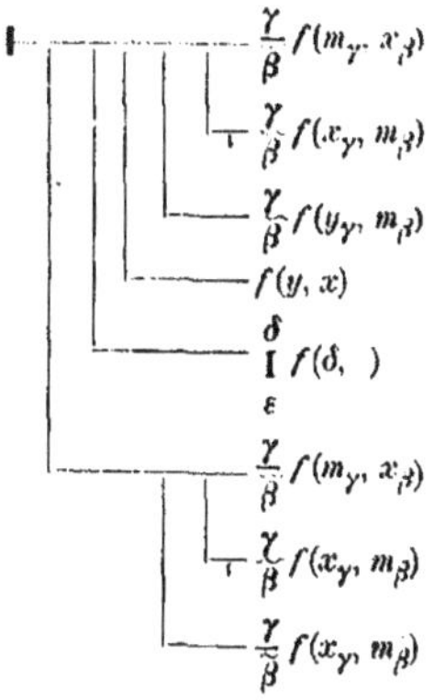

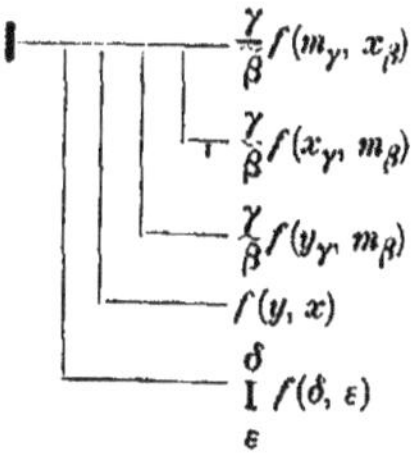

(126.

Hier folgt die Ableitung dieser Formel in Worten.

Es sei x Ergebnis einer Anwendung des eindeutigen Verfahrens f auf y.

Es folge m in der f-Reihe auf y.

Dann gehört nach (124) m der mit x anfangenden f-Reihe an.

Folglich gehört nach (114) x der mit m anfangenden f-Reihe an; oder m folgt in der f-Reihe auf x.

Dies kann man auch ausdrücken:

x gehört der mit m aufangenden f-Reihe an, oder geht in der f-Reise dem m voran.

Daher:

Wenn m in der f-Reihe auf y folgt, und wenn das Verfahren f eindeutig ist, so gehört jedes Ergebnis einer Anwendung des Verfahrens f auf y der mit m anfangenden f-Reihe an, oder geht in der f-Reihe dem m vorher.

126

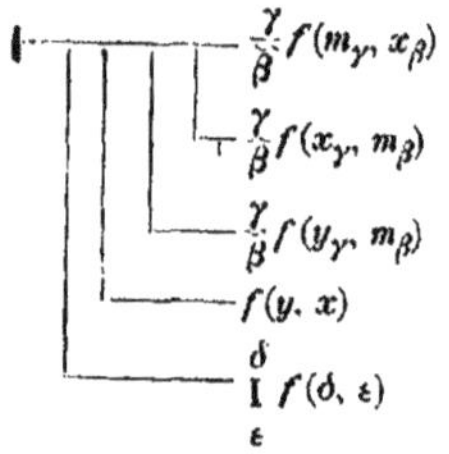

(12) :

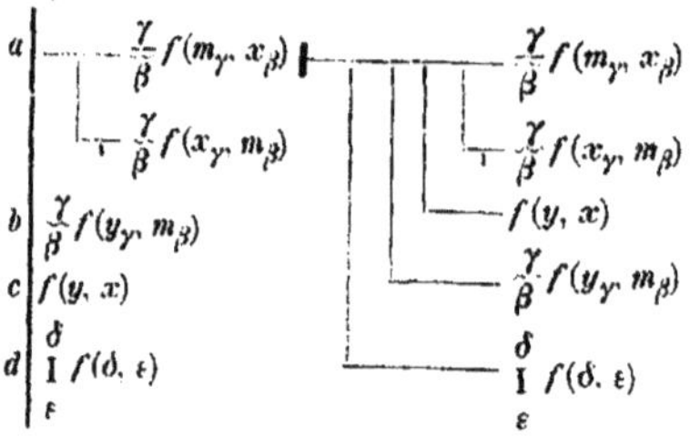

(127.

(51) :

$$a \quad \dfrac{\gamma}{\beta}\, f(m_\gamma,\, x_\beta)$$

$$\dfrac{\gamma}{\beta}\, f(x_\gamma,\, m_\beta)$$

$$f(y,\, x)$$

$$c \quad \dfrac{\gamma}{\beta}\, f(y_\gamma,\, m_\beta)$$

$$d \quad \overset{\delta}{\underset{\varepsilon}{\mathrm{I}}}\; f(\delta,\, \varepsilon)$$

$$b \quad \dfrac{\gamma}{\beta}\, f(m_\gamma,\, y_\beta)$$

$$\dfrac{\gamma}{\beta}\, f(m_\gamma,\, x_\beta)$$

$$\dfrac{\gamma}{\beta}\, f(x_\gamma,\, m_\beta)$$

$$f(y,\, x)$$

$$\dfrac{\gamma}{\beta}\, f(m_\gamma,\, y_\beta)$$

$$\dfrac{\gamma}{\beta}\, f(y_\gamma,\, m_\beta)$$

$$\overset{\delta}{\underset{\varepsilon}{\mathrm{I}}}\; f(\delta,\, \varepsilon)$$

$$\dfrac{\gamma}{\beta}\, f(m_\gamma,\, x_\beta)$$

$$\dfrac{\gamma}{\beta}\, f(x_\gamma,\, m_\beta)$$

$$f(y,\, x)$$

$$\dfrac{\gamma}{\beta}\, f(m_\gamma,\, y_\beta)$$

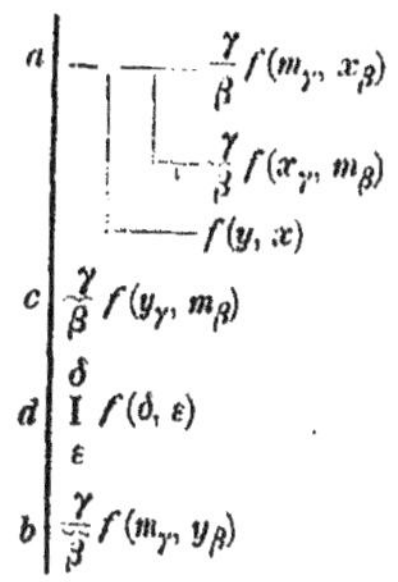

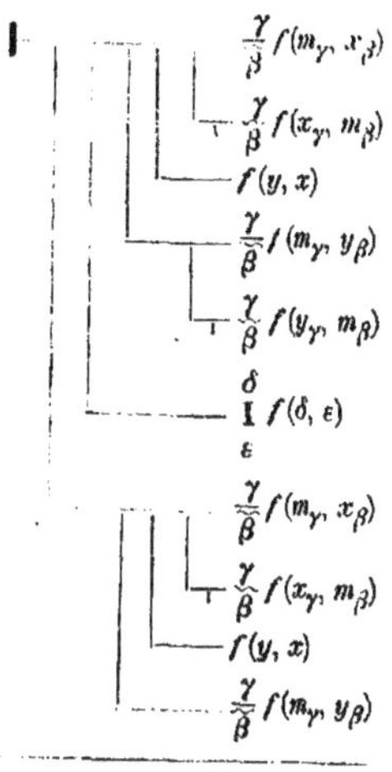

$$(111) :\; :$$

$$\begin{array}{c|c} z & m \\ v & x \end{array}$$

$$(128.$$

$$\dfrac{\gamma}{\beta}\, f(m_\gamma,\, x_\beta)$$

$$\dfrac{\gamma}{\beta}\, f(x_\gamma,\, m_\beta)$$

$$f(y,\, x)$$

$$\dfrac{\gamma}{\beta}\, f(m_\gamma,\, y_\beta)$$

$$\dfrac{\gamma}{\beta}\, f(y_\gamma,\, m_\beta)$$

$$\overset{\delta}{\underset{\varepsilon}{\mathrm{I}}}\; f(\delta,\, \varepsilon)$$

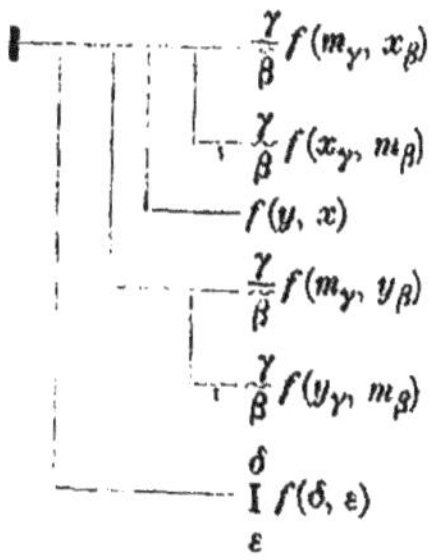

$$(129.$$

In Worten lautet (129) so:

Wenn das Verfahren f eindeutig ist, und wenn y der mit m anfangenden f-Reihe angehört, oder in der f-Reihe dem m vorhergeht, so gehört jedes Ergebnis einer Anwendung des Verfahrens f auf y der mit m anfangenden f-Reihe an, oder geht in der f-Reihe dem m vorher.

129

x | a

y | b

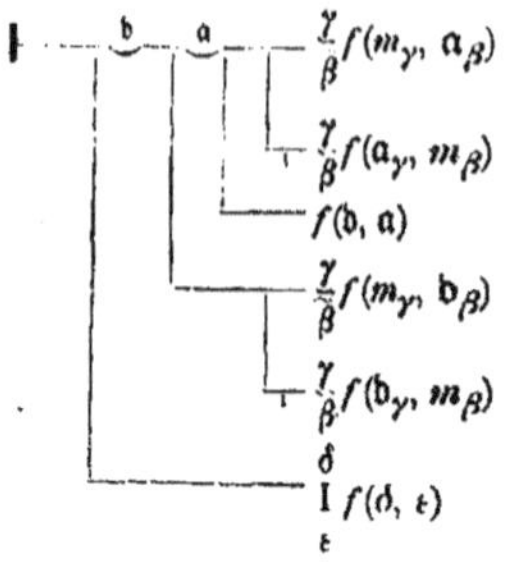

(9) :

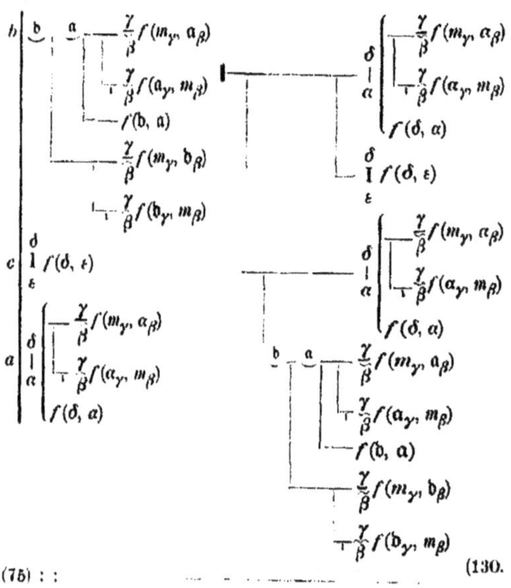

(75) : : (130.

$$F(\Gamma)\left|\begin{array}{l}\dfrac{\gamma}{\beta}f(m_\gamma,\Gamma_\beta)\\[2mm]\dfrac{\gamma}{\beta}f(\Gamma_\gamma,m_\beta)\end{array}\right.\qquad\vdash\left.\begin{array}{l}\delta\\[1mm]\alpha\end{array}\right|\left\{\begin{array}{l}\dfrac{\gamma}{\beta}f(m_\gamma,\alpha_\beta)\\[2mm]\dfrac{\gamma}{\beta}f(\alpha_\gamma,m_\beta)\\[2mm]f(\delta,\alpha)\end{array}\right.$$

$$\begin{array}{l}\delta\\ \mathop{1}\limits_{\varepsilon}f(\delta,\varepsilon)\end{array}$$

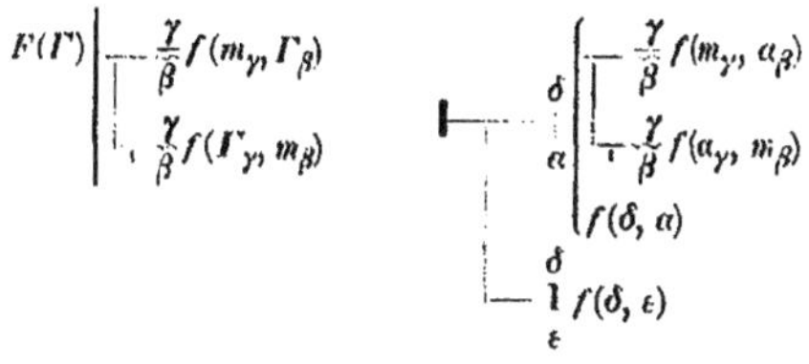

$$(131.$$

In Worten lautet (131) so:

Wenn das Verfahren f eindeutig ist, so vererbt sich die Eigenschaft, der mit m anfangenden f-Reihe anzugehören, oder in der f-Reihe dem m vorherzugehen, in der f-Reihe. :

131

$$\vdash\left.\begin{array}{l}\delta\\ \mathop{1}\limits\\ \alpha\end{array}\right|\left\{\begin{array}{l}\dfrac{\gamma}{\beta}f(m_\gamma,\alpha_\beta)\\[2mm]\dfrac{\gamma}{\beta}f(\alpha_\gamma,m_\beta)\\[2mm]f(\delta,\alpha)\end{array}\right.$$

$$\begin{array}{l}\delta\\ \mathop{1}\limits_{\varepsilon}f(\delta,\varepsilon)\end{array}$$

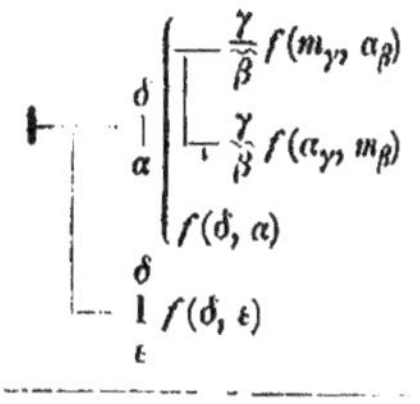

(9) :

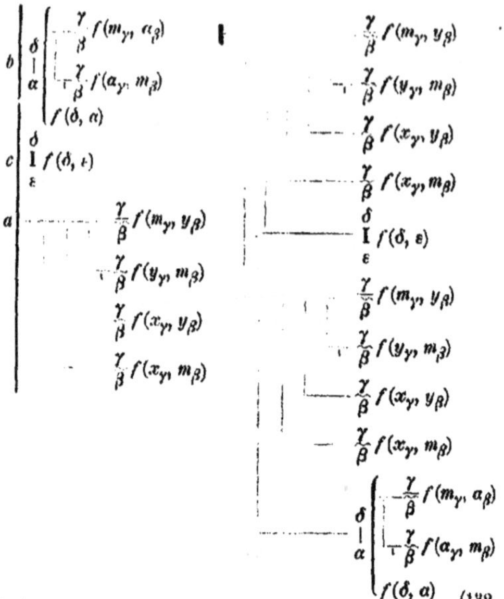

$$b \begin{cases} \delta \\ | \\ \alpha \end{cases} \begin{cases} \dfrac{\gamma}{\beta} f(m_\gamma, \alpha_\beta) \\ \llcorner \dfrac{\gamma}{\beta} f(\alpha_\gamma, m_\beta) \end{cases}$$

$$c \begin{cases} f(\delta, \alpha) \\ \delta \\ | \, f(\delta, \epsilon) \\ \epsilon \end{cases}$$

$$a \; \text{-----} \; \dfrac{\gamma}{\beta} f(m_\gamma, y_\beta)$$

$$\dfrac{\gamma}{\beta} f(y_\gamma, m_\beta)$$

$$\dfrac{\gamma}{\beta} f(x_\gamma, y_\beta)$$

$$\dfrac{\gamma}{\beta} f(x_\gamma, m_\beta)$$

$$\dfrac{\gamma}{\beta} f(m_\gamma, y_\beta)$$

$$\text{---} \; \dfrac{\gamma}{\beta} f(y_\gamma, m_\beta)$$

$$\text{---} \; \dfrac{\gamma}{\beta} f(x_\gamma, y_\beta)$$

$$\text{---} \; \dfrac{\gamma}{\beta} f(x_\gamma, m_\beta)$$

$$\delta \\ | \, f(\delta, \epsilon) \\ \epsilon$$

$$\dfrac{\gamma}{\beta} f(m_\gamma, y_\beta)$$

$$\dfrac{\gamma}{\beta} f(y_\gamma, m_\beta)$$

$$\dfrac{\gamma}{\beta} f(x_\gamma, y_\beta)$$

$$\text{---} \; \dfrac{\gamma}{\beta} f(x_\gamma, m_\beta)$$

$$\delta \begin{cases} \dfrac{\gamma}{\beta} f(m_\gamma, \alpha_\beta) \\ \llcorner \dfrac{\gamma}{\beta} f(\alpha_\gamma, m_\beta) \end{cases}$$
$$\alpha$$

$$f(\delta, \alpha) \qquad (132.$$

(83) : :

$$g(\Gamma) \left| \dfrac{\gamma}{\beta} f(m_\gamma, \Gamma_\beta) \right. \qquad \dfrac{\gamma}{\beta} f(m_\gamma, y_\beta)$$

$$h(\Gamma) \left| \dfrac{\gamma}{\beta} f(\Gamma_\gamma, m_\beta) \right. \qquad \dfrac{\gamma}{\beta} f(y_\gamma, m_\beta)$$

$$\dfrac{\gamma}{\beta} f(x_\gamma, y_\beta)$$

$$\dfrac{\gamma}{\beta} f(x_\gamma, m_\beta)$$

$$\delta \\ | \, f(\delta, \epsilon) \\ \epsilon \qquad (133.$$

In Worten lautet dieser Satz so:

Wenn das Verfahren f eindeutig ist, und wenn m und y in

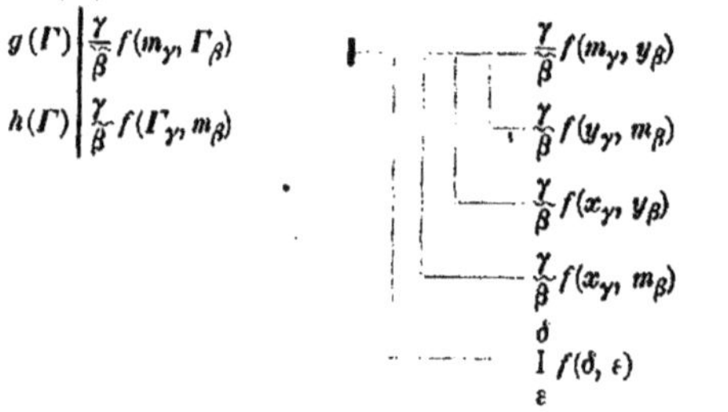

der f-Reihe auf x folgen, so gehört y der mit m anfangenden f-Reihe an, oder geht in der f-Reihe dem m vorher.

Ich lasse hier eine Tafel folgen, aus der zu ersehen ist, an welchen Stellen von einer Formel zur Ableitung einer andern Gebrauch gemacht ist. Man kann sich ihrer bedienen, um die Verwendungsweisen einer Formel nachzusehen. Auch ist daraus die Häufigkeit der Anwendung einer Formel zu erkennen.

Rechts vom Striche steht immer die Ziffer der Formel, bei deren Ableitung die links bezeichnete verwendet ist.

1	3	7	67	12	16	21	44	44	45	59	—
1	5	7	94	12	24	21	47	45	46	60	93
1	11	7	107	12	35	22	23	46	47	61	65
1	24	7	113	12	49	23	48	47	48	62	63
1	26	8	9	12	60	24	25	47	49	62	64
1	27	8	10	12	85	24	63	48	101	63	91
1	36	8	12	12	127	25	111	49	50	64	65
2	3	8	17	13	14	26	27	50	51	65	66
2	4	8	26	14	15	27	42	51	128	66	—
2	39	8	38	15	88	28	29	52	53	67	68
2	73	8	53	16	17	28	33	52	57	68	70
2	79	8	62	16	18	29	30	52	89	68	77
3	4	8	66	16	22	30	59	52	105	68	116
4	5	8	74	17	50	31	32	53	55	69	70
5	6	8	84	17	78	32	33	52	75	69	75
5	7	8	96	18	19	33	34	53	92	70	71
5	9	9	10	18	20	33	46	54	55	71	72
5	12	9	11	18	23	34	35	55	56	72	73
5	14	9	19	18	51	34	36	55	104	72	74
5	16	9	21	18	64	35	40	56	57	73	87
5	18	9	37	18	82	36	37	57	68	74	81
5	22	9	56	19	20	36	38	57	100	75	97
5	25	9	61	19	21	36	83	58	59	75	109
5	29	9	117	19	71	37	106	58	60	75	131
5	34	9	130	19	86	38	39	58	61	76	77
5	45	9	132	19	103	39	40	58	62	76	89
5	80	10	30	19	119	40	43	58	67	77	78
5	90	11	112	19	123	41	42	58	72	77	85
6	7	12	13	20	121	42	43	58	118	78	79
7	32	12	15	20	125	43	44	58	120	78	110

79	80	89	90	98	—	106	107	114	126	124	125
80	81	90	91	99	100	107	108	115	116	125	126
81	82	90	93	99	105	108	109	116	117	126	127
81	84	91	92	100	101	108	111	117	118	127	128
82	83	92	102	100	103	109	110	118	119	128	129
83	133	93	94	101	102	110	124	119	120	129	130
84	98	94	95	102	108	111	129	120	121	130	131
85	86	95	96	103	104	112	113	121	122	131	132
86	87	96	97	104	114	112	122	122	123	132	133
87	88	96	102	105	106	113	114	123	124	133	—
88	95	97	98	105	112						

Halle, Druck von E. Karras.

www.ingramcontent.com/pod-product-compliance
Lightning Source LLC
Chambersburg PA
CBHW071522200326
41519CB00019B/6035
* 9 7 8 2 0 1 2 5 2 5 7 1 9 *